青藏高原机场

鸟类

识别与防控

主编 吴永杰

四川大学出版社

SICHUAN UNIVERSITY PRESS

图书在版编目（CIP）数据

青藏高原机场鸟类识别与防控 / 吴永杰主编 .
成都 ： 四川大学出版社，2024. 8. -- ISBN 978-7-5690-
7251-8
Ⅰ . Q959.708；V328.2
中国国家版本馆 CIP 数据核字第 20247UE628 号

书　　名：青藏高原机场鸟类识别与防控
　　　　　Qingzang Gaoyuan Jichang Niaolei Shibie yu Fangkong
主　　编：吴永杰

选题策划：胡晓燕
责任编辑：胡晓燕
责任校对：蒋　玙
装帧设计：墨创文化
责任印制：李金兰

出版发行：四川大学出版社有限责任公司
　　　　　地址：成都市一环路南一段 24 号（610065）
　　　　　电话：（028）85408311（发行部）、85400276（总编室）
　　　　　电子邮箱：scupress@vip.163.com
　　　　　网址：https://press.scu.edu.cn
印前制作：成都墨之创文化传播有限公司
印刷装订：四川盛图彩色印刷有限公司

成品尺寸：185 mm×260 mm
印　　张：16
字　　数：355 千字

版　　次：2024 年 8 月 第 1 版
印　　次：2024 年 8 月 第 1 次印刷
定　　价：128.00 元

扫码获取数字资源

四川大学出版社
微信公众号

编委会

主　编　吴永杰

副主编　张家语　　何兴成　　汪沐阳

编　委（按首字母顺序排序）

　　鸟击（鸟撞）对航空运输业的安全运行危害极大，一直是各国航空部门的重点关注对象之一。近年来，中国航空运输业发展迅速，鸟击事件发生日趋频繁，鸟击风险逐年增加。因此，通过实地调查和监测，运用多种科学监测手段和方法，科学掌握机场周边的鸟情，对于防范机场的鸟击风险意义重大，可为航空运输安全保障措施的制定提供重要的科学依据。

　　青藏高原被誉为"地球第三极"，物种多样性丰富，生态环境相对脆弱。青藏高原的高原机场数量众多，总数量位居高原环境全世界第一，未来十年，还将有更多的高原机场投入建设和运营。因此，加强青藏高原地区机场鸟类的调查和研究具有十分重要的示范性意义。但长期以来，青藏高原机场鸟类相关的监测和研究不多，与鸟击防范相关的生态学、鸟类学专业人才缺乏。我们对很多机场周边鸟类的组成、分布、迁徙规律不甚了解，缺少日常的监测数据；大部分机场缺乏有效的鸟类保护措施，也缺乏鸟类识别、防控相关的技术规程和培训体系。如果不掌握机场周边鸟类的组成和分布情况、具体鸟情，那么一切有效的防治手段和措施都将十分困难。

　　四川大学吴永杰教授团队在承担国家"第二次青藏高原综合科学考察子课题——机场建设对野生动物多样性影响与保护技术"任务的基础上，历经 4 年对青藏高原的 9 座机场开展了多次的鸟类调查。团队成员克服重重困难，勇于应对高海拔地区调查的困难和艰辛，行程约 8 万公里，先后设置鸟类调查样线 514 条，样线长度累积接近 1200 公里；采集标本 173 号，共调查到鸟类 168 种 14689 只，隶属于 17 目 41 科 98 属；拍摄照片 5000 余张，发表科考日志 27 篇，阅读量超 10000 人次；还通过科考培养了一批优秀的动物学和生态学博士、硕士研究生和本科生。他们根据 4 年多的调查数据以及拍摄的照片，自费组织编写了这本书，用于介绍相关机场周边的常见鸟类，并结合机场周边鸟类的飞行特征、数量和分布特点，计算了不同鸟类的鸟击风险，提出了相应的防范措施和保护对策。

　　这本书的出版，将有助于机场非动物学和生态学专业工作人员识别鸟类，也有利于青藏高原相关机场掌握机场周边的鸟类数量和分布情况，为今后相关机场的建设和运营提供重要参考。

中国科学院动物研究所研究员

国际鸟类学家联盟副主席

原中国鸟类学会理事长

2024 年 6 月

青藏高原是全球生物多样性最丰富的地区之一，是中国乃至亚洲重要的生态安全屏障，黄河、长江、湄公河、恒河、印度河、萨尔温江、伊洛瓦底江等多条国内外重要河流都发源于此，也被称为"亚洲水塔"。此外，青藏高原还是我国少数民族聚集区，涉及西藏、四川西部、青海、甘肃南部和新疆南部等省区的民族地区，经济发展相对落后。我国历来重视青藏高原地区的社会经济发展，投入了大量的人力、物力和财力来帮助地方发展经济，特别是基础设施建设。其中如青藏公路、川藏公路、青藏铁路、川藏铁路、拉萨贡嘎机场、林芝米林机场和甘孜康定机场等重大交通建设工程，极大地改善了内地与青藏高原的互联互通，对社会、经济、国防、民生等都具有非常重要的意义。

随着川藏铁路建设和拟建新藏铁路的规划实施，今后青藏高原的机场建设也将迎来一个新的高峰。据已有的研究成果，青藏高原是我国许多鸟类的重要栖息地和鸟类迁徙的重要通道，机场的建设无疑将对这些鸟类的栖息繁衍和迁移活动产生不利影响。因此，研究高原机场区域的鸟类多样性和迁徙习性，对今后在高原机场建设中保护鸟类多样性、控制鸟类对航空飞行器的危害都具有重要意义。

四川大学吴永杰教授团队在承担国家"第二次青藏高原综合科学考察子课题——机场建设对野生动物多样性影响与保护技术"任务的基础上，历经4年对青藏高原周边的9座机场开展了多次的鸟类调查，累计行程约8万公里；先后设置鸟类调查样线514条，样线长度累积接近1200公里；采集了鸟类标本173号，共调查到鸟类168种14689只，隶属于17目41科98属；拍摄照片5000余张。他们还根据4年多的调查数据以及拍摄的照片，组织编写了这本用于介绍相关机场周边常见鸟类著作，结合机场周边鸟类的飞行特征、数量和分布特点，计算了不同鸟类的鸟击风险，并提出了相应的防范措施和保护对策。

这本书的出版，有助于机场非动物学和生态学专业工作人员识别鸟类，也有利于青藏高原相关机场监测机场周边的鸟类数量和分布情况，为今后相关机场的建设和运营管理提供重要的参考。同时，还可作为青年学者和观鸟爱好者的参考用书。

我乐为之序！

中国科学院动物研究所研究员
中国兽类学会副理事长

2024年6月

前言

　　鸟击（鸟撞）是指各种飞行器在起飞、着陆或低空飞行过程中遭受鸟类撞击而引发的事故。由于飞行器的速度一般较快，与鸟类相撞时常造成极大的破坏，严重时甚至会损坏发动机、机翼、挡风玻璃等飞行器关键部位，直接导致飞行器坠毁以及人员伤亡。随着人类航空运输业的快速发展，鸟击事件发生日趋频繁，鸟击风险逐渐增加。根据中国民用航空局机场司发布的《2015年度中国民航鸟击航空器信息分析报告》，2006—2015年，我国共发生鸟击事件17135起，仅2015年中国民航因鸟击事件造成的损失就高达11963.2万元。而军用飞机由于飞行速度快且安全冗余度较低，一旦发生鸟击事件，更易造成飞机失事并威胁飞行员的生命安全。因此，如何防控鸟击事件成了各国航空运输和军事部门的重要课题，如何消除和降低鸟击风险成为各个机场场务部门的重要工作。

　　青藏高原被誉为"世界屋脊"和"地球第三极"，有着丰富而特殊的生物多样性。同时，青藏高原生态环境相对脆弱，易受人类干扰而出现退化和失衡，且退化后难以恢复。中国的高原机场数量众多，截至2023年底，总数量位居全世界第一，不过在工程建设和运营方面仍存在需要完善的地方，比如：①对机场周边的鸟类组成、分布、迁徙规律、穿越路径的基础调查和掌握不足，日常监测数据不够完善；②缺乏持续稳定的动物学或生态学专业的人才队伍建设；③缺乏有效的鸟类保护措施；④鸟类识别、防控和保护等统一的技术规程和培训体系有待完善；⑤防治手段和措施不够科学，防治效果有待提高。

　　课题组在承担国家"第二次青藏高原综合科学考察子课题——机场建设对野生动物多样性影响与保护技术"任务后，于2020年7月至2023年7月对青藏高原的9座机场（稻城亚丁机场、甘孜格萨尔机场、甘孜康定机场、拉萨贡嘎机场、日喀则和平机场、昌都邦达机场、林芝米林机场、阿里昆莎机场、阿里普兰机场）开展了10个季度的鸟类调查。此外，课题组成员还在2020年10月和2021年夏天对新疆帕米尔高原塔什库尔干县红其拉甫机场开展了2次鸟类调查。四年来，课题组成员克服种种困难，面对高海拔地区调查的困难和艰辛，行程约8万公里，先后设置鸟类调查样线514条，样线长度累积接近1200公里；采集标本173号，共调查到鸟类168种14689只，隶属于17目41科98属；拍摄照片5000余张，发表科考日志27篇，阅读量超10000人次。最重要的是，课题组科考项目培养了一批优秀的动物学和生态学研究人才。

　　为方便机场鸟类防控人员准确识别鸟类，我们根据四年多的调查数据以及拍摄的照片组织编写了本书，用于介绍相关机场周边的常见鸟类。此外，我们还结合机场周边鸟类的飞行特征、数量和分布特点，计算了不同鸟类的鸟击风险，提出了相应的防范措施和保护对策，希望为青藏高原机场的鸟类识别和鸟击防范提供科学参考。

在此，向所有为本项目提供支持和帮助的单位表示最衷心的感谢！向协助我们开展工作的各位同志表示最崇高的敬意！没有这些单位和同志的支持和帮助，我们不可能完成第二次青藏高原综合科学考察项目的任务。同时，课题组成员展现出不怕困难、勇攀高峰、甘于奉献、积极乐观的品质也是一笔宝贵的精神财富。感谢课题组成员与我一起并肩完成这次的科考任务！

最后，特别感谢家人对我工作的理解和支持！感谢吴相锦小朋友热情地为本书画了一幅画，展现了小朋友心中那个充满和谐与生机的自然。我将这幅画与各位共享，也衷心希望本书读者都能获益，愿青藏高原永远保有美丽的蓝天、碧水、白云和绿野！愿生活在这片土地上的人们与动植物和谐相处！愿美丽的中国越来越美丽！

限于编者水平和精力，本书不足之处在所难免，恳请各位读者批评指正！

主 编

吴亦杰

2024 年 3 月于川大南园

目录
C O N T E N T S

本书使用说明

· 科总述 ·

包括该科鸟类典型的形态特征、生态繁殖习性、食性以及鸟击风险综合评估。

体型中等的陆栖鸟类，包括各种雉、鹑、鸡等。喙部短粗，上喙先端稍下曲，但不具钩。翼短而圆。尾部普遍较长。雄鸟通常羽色艳丽，而雌鸟羽色暗淡，也有一部分种类雌雄同型。大部分种类雄鸟的跗跖具距，可用于打斗。

雉科鸟类主要栖息活动于地面，晚上在树上夜栖。许多种类的雄性具亮翅、舞蹈、争斗等多样的求偶行为。善于奔跑，受惊时才飞起，且通常只做短距离飞行。主要以植物种子、果实和昆虫为食。营巢于地面，雏鸟早成性。

雉科鸟类有集群习性，但不善飞行，且在各机场发现数量较少，综合评价其鸟击风险为"低"，无需特别关注。但一旦发现进入飞行区，应尽快采取措施驱离。

共记录 3 属 4 种。

· 名称及保护级别 ·

左侧为鸟种名称，包括中文名、英文名以及学名①。

右侧为国家重点保护野生动物保护级别及 IUCN 受胁等级②。

血雉属

血雉 **Blood Pheasant** *Ithaginis cruentus*　　　　　　国家二级：LC（无危）

· 图片 ·

· 图片说明 ·

包括图片中鸟种的性别、年龄、羽饰，部分鸟种附辨识要点。

成鸟♂　　　　　　　　成鸟♀

鉴别特征：头有羽冠。雄鸟体羽主要为乌灰色，细长而松软，呈披针形。尾羽具宽阔的绯红色羽缘。脚橙红色。雌鸟体羽大多暗褐色。血雉亚种众多，不同亚种的羽色存在一定差异。

---

① 本书采用的鸟类名称及分类系统参考自《中国鸟类分类与分布名录》第四版（郑光美，2023）。

② IUCN 受胁等级：NR 未认可，DD 数据缺乏，LC 无危，NT 近危，VU 易危，EN 濒危，CR 极危，EX 灭绝。

本书使用说明

· 鸟种说明 ·

包含详细的形态特征、体型（雌性及雄性的体长及体重）、生态习性以及繁殖习性。

体型：体长 ♂ 37.0~47.0 cm，♀ 37.5~44.0 cm；体重 ♂ 450~610 g，♀ 480~550 g。
生态习性：栖息于雪线附近的高山针叶林、混交林及杜鹃灌丛中。有明显的垂直迁徙现象，夏季可上到海拔 3500~4500 m，冬季则多在海拔 2000~3000 m。性喜成群，常呈几只至几十只的群体活动。活动时有雄鸟担任警卫，遇危险时会发出急促的叫声。
生长繁殖：繁殖期 4~7 月。通常在 3 月末群体即分散开来，并出现求偶行为和争斗现象。营巢于高山针叶林和混交林中，置巢于草丛、岩石下、洞中或树木根部。巢较简陋，呈浅碟状，由枯草茎、枯叶、松针和地衣构成，内垫羽毛。窝卵数 4~8 枚。卵黄白色带粉红色，密被深褐色点斑。孵卵由雌鸟承担，雄鸟负责对巢的警戒。

· 机场活动情况及鸟击风险 ·

包含各机场的调查总次数，和该鸟种在各机场的调查个体数、发现次数以及鸟击风险程度（评估方法详见本书第五部分的"鸟击风险评估"）。

调查次数	机场名称	只数（调查到的次数）	鸟击风险
8次	稻城亚丁机场	31 只（3 次）	低
	甘孜格萨尔机场	未见	/
	甘孜康定机场	未见	/
6次	拉萨贡嘎机场	未见	/
	日喀则和平机场	未见	/
4次	昌都邦达机场	未见	/
	林芝米林机场	未见	/
	阿里昆莎机场	未见	/

鸟类身体特征图解

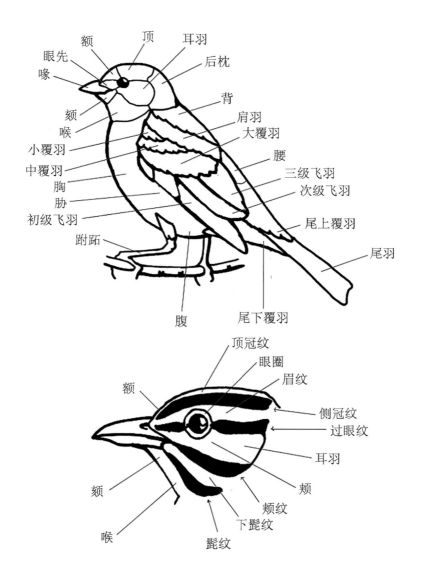

额 顶 耳羽
眼先 后枕
喙 背
颊 肩羽
喉 大覆羽
小覆羽 腰
中覆羽 三级飞羽
胸 次级飞羽
胁 尾上覆羽
初级飞羽 尾羽
跗跖
腹 尾下覆羽

顶冠纹
眼圈
眉纹
额 侧冠纹
过眼纹
耳羽
颊
颊 颊纹
下髭纹
喉 髭纹

修改自 Gary Ritchison

观察及识别鸟类

器材配备

望远镜：大多数鸟类生性谨慎胆怯，常与人类保持一定的距离，远距离观察工具在观察和识别鸟类中必不可少。望远镜是远距离观察鸟类的首选工具。倍数为 8~12 倍、口径为 30~50 mm 的双筒望远镜较为轻便，便于随身携带，但观察距离有限，适合观察距离较近的鸟类；倍数为 25~75 倍、口径为 60~100 mm 的单筒望远镜较为沉重，需结合三脚架一起使用，但观察距离较远，尤其适合观察雁鸭类、䴙䴘类等水鸟，建议沿河谷分布的机场配置。

照相机：照片不仅可以帮助识别难以辨认的鸟类，还可以为机场留下影像资料。一般而言，焦距在 300 mm 以上的照相机较适合拍摄鸟类。

鸟类识别方法

体型：体型往往是观察鸟类时首先注意到的形态特征，但精准的体长数值很难通过直接观察得到，观察者对鸟类体长的判断也往往会因为距离产生误差。这时可以利用其他常见鸟类的体型作为类比，例如，相比"目标的体长大概有 20 cm"，"目标跟麻雀差不多大"或"目标比喜鹊稍微小一点"要直观得多。

羽色：羽色是鸟类识别中最重要的形态特征之一，几乎每种鸟类都有独特的羽色特征。通过描述鸟类的关键羽色特征，可以快速而准确地识别鸟类，例如，"大山雀的腹部有一条黑色条带""斑头雁的脸部具有黑色斑带"等。要想正确描述鸟类的羽色特征，需要精准识别鸟类的身体部位，该部分内容可见本书第二部分"鸟类身体特征图解"。

行为：鸟类的行为可以帮助观察者快速区分目标所属的类群。全世界已发现的鸟类共有近 11000 种，这些鸟类因遗传关系及形态特征被划分为数百个大小类群，如在林间奔跑的雉鸡、在水面踩水炫耀的䴙䴘、在天空滑翔的猛禽、在树林啄木的啄木鸟，通过观察鸟类的特殊行为，可以快速将观察对象确认为某一特定类群，从而大大减少识别的工作量。

鸣声：不同鸟类的鸣声具有明显的区别，一些形态相似的鸟类在野外条件下几乎只能通过鸣声辨认。但通过鸣声辨认鸟类十分困难，观察者需要经过长期训练才可能实现。机场方面可以配备一些轻便的录音设备，在调查时录下那些仅能听到声音或仅凭形态难以辨识的鸟类的鸣声，以便在后期辨识。

调查路线及方法

● 调查方法

  研究团队于 2020—2023 年间对每个机场进行了至少 4 次、至多 8 次的实地调查。原计划所有机场调查强度应该一致，但受一些不确定因素影响，个别机场调查次数偏少。本次调查采用样线法，即每个机场及周边设立了 10~14 条长度为 2~3 km 的鸟类样线，相邻样线间隔不少于 500 m。各个机场的详细调查方案如下：

  甘孜格萨尔机场：共进行 8 次调查（时间为 2020—2023 年夏季，2021—2022 年春、冬季），设置了样线 11 条，主要对机场周边的 317 国道、阿洛曲西松隆村段以及跃衣曲进行了调查。

  甘孜康定机场：共进行 8 次调查（时间为 2021—2022 年春季，2020—2023 年夏季，2021 年秋、冬季），设置了样线 10 条，主要对 434 省道、机场周边的江巴牧场以及折多山进行了调查。

  稻城亚丁机场：共进行 8 次调查（时间为 2020—2023 年夏季，2021—2022 年春、冬季），设置了样线 13 条，主要对 227 国道、硕曲和兴伊措等周边的水域进行了调查。

  拉萨贡嘎机场：共进行 6 次调查（时间为 2021—2022 年春季，2020—2023 年夏季），设置了样线 13 条，主要对机场旁的雅鲁藏布江、贡嘎县的农田以及曲定周边的山脉进行了调查。

  日喀则和平机场：共进行 6 次调查（时间为 2021—2022 年春季，2020—2023 年夏季），设置了样线 13 条，主要对机场旁的雅鲁藏布江、318 国道以及加玛卡村和江当乡进行了调查。

  阿里昆莎机场：共进行 4 次调查（时间为 2020—2023 年夏季），设置了样线 13 条，主要对机场旁的噶尔藏布水系、219 国道两侧进行了调查。

  林芝米林机场：共进行 4 次调查（时间为 2020—2023 年夏季），设置了样线 11 条，主要对机场旁的雅鲁藏布江、306 省道两侧、冈嘎村、邦仲村以及周边的森林进行了调查。

  昌都邦达机场：共进行 4 次调查（时间为 2020—2023 年夏季），设置了样线 10 条，主要对机场旁的玉曲、214 国道两侧进行了调查。

  阿里普兰机场：共进行 2 次调查（时间为 2020—2021 年夏季），设置了样线 12 条，主要对 217 省道两侧以及周围的山峰，如纳木纳尼峰、多玛尔隆巴峰进行了调查。

  调查人员调查鸟类时以 1~2 km/h 的速度进行，调查工具包括双筒望远镜、单筒望远镜、长焦相机、野外调查记录本和手持 GPS 仪，以 2~5 名调查人员为 1 组，均具备丰富的鸟类调查经验。调查期间观察并记录所见的全部鸟类，包括鸟类名称、数量、经纬度等数据。对于调查过程中无法确定种类的鸟类，通过拍照录音后，结合鸟类图鉴、软件或咨询专家进行鉴定。

● 调查统计

机场调查情况统计表

机场名称	调查/次	累计样线/条	持续时间/年	总鸟种数
甘孜格萨尔机场	8	80	4	65
甘孜康定机场	8	68	4	46
稻城亚丁机场	8	73	4	59
拉萨贡嘎机场	6	79	4	63
日喀则和平机场	6	68	4	41
阿里昆莎机场	4	44	3	43
林芝米林机场	4	44	4	53
昌都邦达机场	4	41	4	36
阿里普兰机场	2	17	2	19
总计	50	514	4	168

鸟击风险评估

鸟击风险与航班量、起飞时间、地理位置、周边环境和鸟类多样性等因素有关，评估十分困难。因此，科学评估鸟击风险需要结合多项数据进行。结合所获数据特点，本书参考了 Hu 等（2020）的鸟击风险评估模型估算鸟击风险。该模型考虑了两个维度，分别为"撞击可能性"及"撞击严重性"，即鸟类与飞行器相撞的可能性以及撞击发生后的损失严重性。在"撞击可能性"中，原模型还包含了鸟类与机场的距离，本书调查因数据缺失，集群大小（N）（只）暂不考虑。

● 撞击可能性

飞行高度评分（H）：飞行高度在 40 m 的鸟类撞击飞行器的概率最大。飞行高度数据通过文献获取，具体评分如下：

飞行高度评分表

飞行高度（H）（m）	取值
$H > 100$	0.1
$100 \geqslant H > 50$	0.5
$50 \geqslant H > 30$	1.0
$30 \geqslant H > 5$	0.5
$5 \geqslant H$	0.1

集群大小评分（N）：集群越大的鸟类撞击飞行器的可能性越高，集群大小数据通过文献及实地调查获取，具体评分如下：

集群大小评分表

集群大小（N）（只）	取值
$N \geqslant 100$	1.0
$100 > N \geqslant 20$	0.5
$20 > N \geqslant 3$	0.2
$3 > N \geqslant 1$	0

$$撞击可能性 = \frac{飞行高度 + 集群大小}{2}$$

● 撞击严重性

相对数量（C）：鸟类相对数量越多，撞击飞行器的可能性越大，造成的损失越高（样线调查）。

$$C = \frac{某种鸟类的个体数量}{该样线内数量最多的鸟种的个体数量}$$

相对体重（W）：体重越大的鸟类撞击飞行器造成的危害越大（文献获取）。

$$W = \frac{某种鸟类的体重}{该样线内体重最大的鸟种的体重}$$

$$撞击严重性 = \frac{相对数量＋相对体重}{2}$$

则有

$$总风险程度（R） = \frac{撞击可能性＋撞击严重性}{2}$$

> ★ 总风险程度共分 4 个级别，分别为"极高"（$R \geqslant 0.75$）、"高"（$0.75 > R \geqslant 0.50$）、"中"（$0.50 > R \geqslant 0.25$）、"低"（$0.25 > R$）。
>
> ★ 对于鹰形目以及隼形目的猛禽，因其较快的飞行速度以及高空盘旋的习性，自动将其风险程度上升一档。

基于鸟击事件的新模型

虽然上述模型简单易懂，数据收集方便，考虑维度较多，但上述模型存在的明显缺陷有以下几方面。

（1）鸟类的飞行高度难以测量，很难得到精准数值。

（2）集群越大的鸟类发生鸟击时造成的损失更大，使用集群大小代替相对数量评估"撞击严重性"会更合理。

（3）没有考虑时间的影响，鸟类的飞行高度、集群大小、相对数量在不同时段、不同季度变化均较大，应引入时间维度分别评估。

参考 Allan（2006）的研究，本书提出了基于矩阵的鸟击风险评估模型。各机场在收集到足够的鸟击数据后，可使用该模型对不同鸟类的鸟击风险做进一步评估。"可能性"即该鸟类发生鸟击的概率；"严重性"为发生鸟击后造成破坏性伤害的比例，破坏性伤害可由各机场自行定义，例如零部件损坏、飞机外层破裂等。

严重性（X）：对鸟击造成破坏性伤害的比例与鸟类体重 Y 进行加权线性回归计算可得出系数 A，即

$$X = AY$$

具体的评估维度界定如下：

评估维度界定表

可能性：每年的鸟撞次数（以近 5 年的数据计算）	$0 \sim 0.2$ 非常低	$0.3 \sim 0.9$ 低	$1.0 \sim 2.9$ 适中	$3.0 \sim 10.0$ 高	> 10.0 非常高
严重性：造成破坏性伤害的比例（以所有数据计算）	$0 \sim 1.9\%$ 非常低	$2.0\% \sim 5.9\%$ 低	$6.0\% \sim 9.9\%$ 适中	$10.0\% \sim 20.0\%$ 高	$> 20.0\%$ 非常高

鸟击风险矩阵如下：

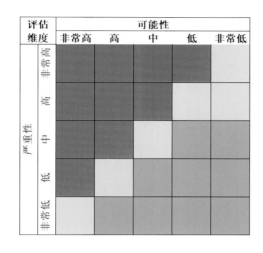

鸟击风险矩阵图

结合鸟击可能性与严重性，每种鸟类都可以在其中找到自己的位置，机场方可以根据风险程度对其进行分级管理。

鸡形目

Galliformes

雉科
Phasianidae

10

青藏高原机场鸟种识别

体型中等的陆栖鸟类，包括各种雉、鹑、鸡等。喙部短粗，上喙先端稍下曲，但不具钩。翼短而圆。尾部普遍较长。雄鸟通常羽色艳丽，而雌鸟羽色暗淡，也有一部分种类雌雄同型。大部分种类雄鸟的跗跖具距，可用于打斗。

雉科鸟类主要栖息活动于地面，晚上在树上夜栖。许多种类的雄性具亮翅、舞蹈、争斗等多样的求偶行为。善于奔跑，受惊时才飞起，且通常只做短距离飞行。主要以植物种子、果实和昆虫为食。营巢于地面，雏鸟早成性。

雉科鸟类有集群习性，但不善飞行，且在各机场发现数量较少，综合评价其鸟击风险为"低"，无需特别关注。但一旦发现进入飞行区，应尽快采取措施驱离。

共记录 3 属 4 种。

血雉 *Ithaginis cruentus*

血雉属

血雉 **Blood Pheasant** *Ithaginis cruentus*　　　　　　国家二级；LC（无危）

成鸟♂　　　　　　　　　　　　　　　　　　　　成鸟♀

鉴别特征：头有羽冠。雄鸟体羽主要为乌灰色，细长而松软，呈披针形。尾羽具宽阔的绯红色羽缘。脚橙红色。雌鸟体羽大多暗褐色。血雉亚种众多，不同亚种的羽色存在一定差异。

体型：体长♂ 37.0~47.0 cm，♀ 37.5~44.0 cm；体重♂ 450~610 g，♀ 480~550 g。

生态习性：栖息于雪线附近的高山针叶林、混交林及杜鹃灌丛中。有明显的垂直迁徙现象，夏季可上到海拔 3500~4500 m，冬季则多在海拔 2000~3000 m。性喜成群，常呈几只至几十只的群体活动。活动时有雄鸟担任警卫，遇危险时会发出急促的叫声。

生长繁殖：繁殖期 4—7 月。通常在 3 月末群体即分散开来，并出现求偶行为和争斗现象。营巢于高山针叶林和混交林中，置巢于草墩、岩石下、洞中或树木根部。巢较简陋，呈浅碟状，由枯草茎、枯叶、松针和地衣构成，内垫羽毛。窝卵数 4~8 枚。卵黄白色带粉红色，密被深褐色点斑。孵卵由雌鸟承担，雄鸟负责对巢的警戒。

调查次数	机场名称	只数（调查到的次数）	鸟击风险
8 次	稻城亚丁机场	31 只（3 次）	低
	甘孜格萨尔机场	未见	/
	甘孜康定机场	未见	/
6 次	拉萨贡嘎机场	未见	/
	日喀则和平机场	未见	/
4 次	昌都邦达机场	未见	/
	林芝米林机场	未见	/
	阿里昆莎机场	未见	/

青藏高原机场鸟种识别

山鹑属

高原山鹑 **Tibetan Partridge** *Perdix hodgsoniae*　　　　　三有动物；LC（无危）

成鸟　　　　　　　　　　　　　　　　成鸟

　　鉴别特征：眼下有一块显著的黑斑。后颈和颈侧赤褐色，延伸至胸部形成半环状领带。颊、喉白色，胸及腹部具粗著的黑色横斑。

　　体型：体长♂ 23.0~30.0 cm，♀ 25.5~32.0 cm；体重♂ 270~550 g，♀ 270~430 g。

　　生态习性：栖息于海拔 2500~5000 m 之间的裸岩、苔原和矮灌丛地区，冬季可下到海拔 2500~3000 m 的多岩地带、农田、牧场以及灌丛中。除繁殖期外，常成 10 多只的小群活动。善奔跑，在不得已时才会飞行。

　　生长繁殖：繁殖期 5—7 月。成对以后即离开群体，占区营巢。营巢于海拔 4000 m 以上的苔原和裸岩地带，置巢于灌草丛或岩石下。巢简陋，利用天然的凹坑或在地上刨坑而成，有时垫有草叶和苔藓。窝卵数 8~12 枚。卵淡皮黄色或橄榄色。

调查次数	机场名称	只数（调查到的次数）	鸟击风险
8 次	稻城亚丁机场	26 只（3 次）	低
	甘孜格萨尔机场	16 只（4 次）	低
	甘孜康定机场	未见	/
6 次	拉萨贡嘎机场	5 只（2 次）	低
	日喀则和平机场	1 只（1 次）	低
4 次	昌都邦达机场	未见	/
	林芝米林机场	1 只（1 次）	低
	阿里昆莎机场	未见	/

藏马鸡 **Tibetan Eared Pheasant** *Crossoptilon harmani*　　　　国家二级；NT（近危）

13

成鸟 / 没有名字（网名）

鉴别特征：眼周裸露，呈绯红色。头顶具黑色短羽，耳羽簇白色，向后延伸呈短角状。胸腹部淡灰白色。飞羽蓝灰色。尾羽长，呈垂散状，大多呈辉蓝色。

体型：体长♂ 83.5~99.8 cm，♀ 80.3~102.2 cm；体重♂ 2220~3000 g，♀ 1250~1783 g。

生态习性：主要栖息于海拔 3000~4000 m 的针叶林和混交林，有时也来到林缘的疏林灌丛中活动。冬季可下到海拔 2800 m 左右的阔叶林带活动。喜集群，群中通常有一只健壮的雄鸟充当警卫，发现异常情况时会发出鸣叫，随后向高处奔跑，其他成员紧随其后。

生长繁殖：繁殖期 5—7 月。4 月即开始配对并逐渐分散成小群。营巢于海拔 3000~4000 m 的针叶林中。多置巢于林下灌丛中的地面、倒木下或岩洞中，选址位置周围通常会有灌木、高草隐蔽。巢甚简陋，主要利用天然的凹坑，内垫枯枝、干草、苔藓和少量羽毛。窝卵数 4~7 枚。卵黄褐色，光滑无斑。孵卵由雌鸟承担，雄鸟在巢附近警戒。

调查次数	机场名称	只数（调查到的次数）	鸟击风险
8 次	稻城亚丁机场	未见	/
	甘孜格萨尔机场	未见	/
	甘孜康定机场	未见	/
6 次	拉萨贡嘎机场	未见	/
	日喀则和平机场	未见	/
4 次	昌都邦达机场	未见	/
	林芝米林机场	1 只（1 次）	低
	阿里昆莎机场	未见	/

成鸟

鉴别特征：眼周裸露呈红色，头顶具黑色绒羽状短羽。耳羽簇白色，向后延伸呈短角状，但不突出于头上。体羽大多白色。尾羽特长，呈垂散状，基部灰色，向后逐渐变为紫铜色。

体型：体长 ♂ 69.0~100.0 cm，♀ 73.0~102.0 cm；体重 ♂ 1017~3000 g，♀ 1250~2050 g。

生态习性：主要栖息于海拔 3000~4000 m 的针叶林和混交林，有时也来到林线上的疏林灌丛中活动，冬季有时可下到海拔 2800 m 左右的阔叶林活动。常成群活动，特别是冬季至春季，有时集群多达 50~60 只。常在早晨和傍晚鸣叫，鸣声宏亮而短促。

生长繁殖：繁殖期 5—7 月。4 月中旬即开始逐渐分散成小群并进行配对，通常为单配制。营巢于海拔 3000~4000 m 左右的针叶林中。巢多置于林下灌丛中的地面上、倒木下或岩洞中。选址位置旁常有灌木或高草隐蔽。窝卵数 4~7 枚，有时可多达 16 枚。卵黄褐色或青灰色，光滑无斑。

调查次数	机场名称	只数（调查到的次数）	鸟击风险
8 次	稻城亚丁机场	158 只（6 次）	中
	甘孜格萨尔机场	48 只（3 次）	低
	甘孜康定机场	未见	/
6 次	拉萨贡嘎机场	未见	/
	日喀则和平机场	未见	/
4 次	昌都邦达机场	未见	/
	林芝米林机场	未见	/
	阿里昆莎机场	未见	/

雁形目

Anseriformes

鸭科
Anatidae

中到大型的游禽，包含各种鸭、雁。嘴大多上下扁平。不同种类因其食性不同，嘴甲也存在一定不同。翅狭长而尖，适于长途飞行。翅上多具色彩斑斓的翼镜，可凭此鉴别种类。脚短健，多位于躯体后部。前趾间具蹼或半蹼，后趾短小，行走时多不着地。

鸭科鸟类栖息活动于各类不同的水域当中，善游泳，有的亦善潜水。常成群活动。多为杂食性，繁殖期主要以水生昆虫、软体动物、鱼类等动物性食物为食，非繁殖期则多以水生植物等植物性食物为食。营巢于水边灌丛，也有的种类在岸边的高大乔木的树洞中营巢。雏鸟早成性。

鸭科鸟类有集群习性，且飞行能力强，在部分有河流经过的机场附近数量很多，综合评价其鸟击风险为"中"至"高"，需要额外关注，对于较大的集群，发现后需要立即进行驱离。

共记录 9 属 16 种。

斑头雁 *Anser indicus*

斑头雁 **Bar-headed Goose** *Anser indicus*   三有动物；LC（无危）

成鸟

鉴别特征：通体大多灰褐色。头和颈侧白色，头顶有两道黑色带斑，极为醒目。

体型：体长 ♂ 70.0~85.0 cm，♀ 62.5~73.5 cm；体重 ♂ 2300~3000 g，♀ 1600~2700 g。

生态习性：繁殖于高原湖泊，尤喜咸水湖。于低海拔的湖泊、河流和沼泽地越冬。性喜集群，几乎全年都成群活动。随着迁来的数量增加，集群越来越大，有时多至数百甚至上千只。多数时间生活在陆地上，很少游泳。

生长繁殖：通常在 3—4 月迁至繁殖地，成群活动，在此过程中逐渐完成配对。通常营巢在湖边或湖心岛，由雌鸟负责营巢。巢穴内铺有枯草、水藻、棉花、碎布和绒羽。当产出第一枚卵时，雌鸟会从自己腹部拔下绒羽铺在窝内。窝卵数 2~10 枚。卵纯白色，由雌鸟负责孵化，雄鸟在旁边守卫警戒。如巢被干扰或破坏，雌鸟会立刻弃巢并用枯枝和泥土将卵掩埋。如果时间允许，则繁殖第二窝。

调查次数	机场名称	只数（调查到的次数）	鸟击风险
8 次	稻城亚丁机场	8 只（1 次）	中
	甘孜格萨尔机场	未见	/
	甘孜康定机场	未见	/
6 次	拉萨贡嘎机场	219 只（5 次）	中
	日喀则和平机场	208 只（3 次）	中
4 次	昌都邦达机场	未见	/
	林芝米林机场	未见	/
	阿里昆莎机场	1 只（6 次）	中

成鸟

鉴别特征：喙和跗跖呈粉色。上体羽色灰而羽缘白，具扇贝状纹路。

体型：体长♂ 79.0~88.0 cm，♀ 70.0~86.0 cm；体重♂ 2750~3750 g，♀ 2100~3000 g。

生态习性：主要栖息在淡水水域中，特别是水生植物茂盛的地带。喜集大群活动，有时甚至可达上千只。善游泳和潜水。行动极为谨慎，警惕性很高，特别是成群在一起觅食和休息时，常有一只或数只灰雁担当警卫，一旦发现威胁临近，担当警卫的灰雁会首先鸣叫警告并起飞，然后其他成员跟着飞走。

生长繁殖：繁殖期4—6月。营巢环境多为偏僻、人迹罕至的水边草丛或芦苇丛中，也有在岛屿、草原和沼泽地上营巢的。多成对或成小群营巢。雌雄共同营巢，巢由芦苇、蒲草和其他干草构成，巢四周和内部还会垫以绒羽。窝卵数4~8枚。卵白色，缀有橙黄色斑点。孵卵由雌鸟单独承担，雄鸟在巢附近警戒。

调查次数	机场名称	只数（调查到的次数）	鸟击风险
8次	稻城亚丁机场	1只（1次）	低
	甘孜格萨尔机场	未见	/
	甘孜康定机场	未见	/
6次	拉萨贡嘎机场	未见	/
	日喀则和平机场	未见	/
4次	昌都邦达机场	未见	/
	林芝米林机场	未见	/
	阿里昆莎机场	未见	/

鹊鸭属

鹊鸭 **Common Goldeneye** *Bucephala clangula*　　　　　　　三有动物；LC（无危）

成鸟♂

成鸟♀

鉴别特征：雄鸟头辉绿色，两颊近嘴基处有大型的白色圆斑；嘴短粗，呈黑色；眼金黄色。雌鸟体型略小，嘴黑色，先端呈橙色；头和颈褐色，眼淡黄色；上体淡黑褐色，上胸、两胁灰色，其余下体白色。

体型：体长♂ 42.0~68.2 cm，♀ 32.2~43.5 cm；体重♂ 780~1000 g，♀ 480~860 g。

生态习性：繁殖期主要栖息于湖泊与小溪中。非繁殖季节则主要栖息于流速缓慢的河流。除繁殖期外，常成群活动，有时可见 40~50 只的大群。善潜水，一次可以潜水 30 秒左右。飞行快而有力，但起飞时需要在水面进行长距离助跑。

生长繁殖：繁殖期 5—7 月。配对多在冬季末或在春季迁徙中完成。通常营巢于水域岸边的天然树洞中，喜欢利用旧巢，如无干扰或破坏会多年使用。巢内垫有树木纤维，产卵开始后雌鸟还会拔下绒羽置于巢中。窝卵数 8~12 枚。卵为淡蓝绿色。孵卵由雌鸟承担，孵卵后期很少离巢甚至不离巢。雄鸟在雌鸟开始孵卵后不久即离开雌鸟到隐蔽处换羽。

调查次数	机场名称	只数（调查到的次数）	鸟击风险
8 次	稻城亚丁机场	未见	/
	甘孜格萨尔机场	未见	/
	甘孜康定机场	未见	/
6 次	拉萨贡嘎机场	2 只（1 次）	低
	日喀则和平机场	未见	/
4 次	昌都邦达机场	未见	/
	林芝米林机场	未见	/
	阿里昆莎机场	未见	/

秋沙鸭属

普通秋沙鸭 **Common Merganser** *Mergus merganser*　　　　　三有动物；LC（无危）

成鸟♂　　　　　　　　　　　　　　　　　　成鸟♀

　　鉴别特征：雄鸟头和上颈黑褐色，具绿色金属光泽，枕部有短的黑褐色冠羽，使头颈显得较为粗大；下颈、胸以及整个下体和体侧白色；背黑色，翅上有大型白斑。雌鸟头和上颈棕褐色，冠羽短；上体灰色，下体白色。

　　体型：体长♂ 63.0~68.0 cm，♀ 54.0~66.0 cm；体重♂ 936~1925 g，♀ 650~1686 g。

　　生态习性：主要栖息于森林内及周边的江河、湖泊等水域地带。非繁殖期主要栖息于内陆地区较大的淡水水域，偶尔到海湾、入海口及沿海潮间区。常成小群，迁徙期间和冬季也会集成数十甚至上百只的大群。飞行速度快，但起飞时较笨拙，需要两翅在水面急速拍打并在水面助跑才能飞起。善潜水，每次能在水中潜 25~35 秒。

　　生长繁殖：繁殖期 5—7 月。通常呈小群到达繁殖地，配对多在冬季和春季迁徙的过程中完成，也有在到达繁殖地后才完成配对的。到达繁殖地后不久，群即逐渐分散，配对的雌雄鸟离群单独活动。通常营巢于紧靠水边的老龄树上的天然树洞中，也有在岸边的岩石缝隙、洞穴或灌草丛中营巢的。窝卵数 8~13 枚。卵乳白色，光滑无斑。

调查次数	机场名称	只数（调查到的次数）	鸟击风险
8 次	稻城亚丁机场	12 只（2 次）	中
	甘孜格萨尔机场	1 只（1 次）	中
	甘孜康定机场	未见	/
6 次	拉萨贡嘎机场	86 只（3 次）	中
	日喀则和平机场	4 只（2 次）	中
4 次	昌都邦达机场	未见	/
	林芝米林机场	未见	/
	阿里昆莎机场	未见	/

青藏高原机场鸟种识别

20

麻鸭属

赤麻鸭 **Ruddy Shelduck** *Tadorna ferruginea* 　　　　　三有动物；LC（无危）

成鸟

鉴别特征：全身赤黄褐色，翅上有明显的白色翅斑和铜绿色翼镜。嘴、脚、尾黑色。繁殖期的雄鸟具一明显的黑色颈环，非繁殖期则难以鉴定性别。

体型：体长♂ 51.6~67 cm，♀ 51~68 cm；体重♂ 1000~1656 g，♀ 969~1689 g。

生态习性：栖息于各种水域及其附近的草原、沼泽、农田和疏林等各类生境中，尤喜平原上的湖泊地带。主要在内陆淡水区域生活，有时也见于海边沙滩和咸水湖区或远离水域的开阔草原上。繁殖期成对生活，非繁殖期则以家族群和小群生活，有时也集近百只的大群。

生长繁殖：繁殖期4—6月，1年繁殖1~2次。营巢于天然洞穴或其他动物的废弃洞穴中。巢由少量枯草和大量绒羽构成。窝卵数6~12枚。卵淡黄色。孵卵由雌鸟承担，雄鸟则在巢附近警戒，遇威胁时会高声鸣叫示警，有时还会做出攻击姿态进行恐吓。离巢时，雌鸟会用绒羽将卵盖住，随雄鸟一起外出觅食。

调查次数	机场名称	只数（调查到的次数）	鸟击风险
8次	稻城亚丁机场	20只（4次）	中
	甘孜格萨尔机场	7只（3次）	中
	甘孜康定机场	未见	/
6次	拉萨贡嘎机场	1055只（5次）	高
	日喀则和平机场	178只（6次）	中
4次	昌都邦达机场	11只（3次）	中
	林芝米林机场	未见	/
	阿里昆莎机场	64只（3次）	高

赤嘴潜鸭 **Red-crested Pochard** *Netta rufina*　　　　　　三有动物；LC（无危）

成鸟♂　　　　　　　　　　　　　　　　成鸟♀

　　鉴别特征：雄鸟嘴赤红色，头浓栗色，具淡棕黄色的羽冠。上体暗褐色，翼镜白色。下体黑色，两胁白色。雌鸟通体褐色，头两侧、颈侧、颊和喉均为灰白色。飞翔时翼上和翼下的大型白斑极为醒目。

　　体型：体长♂ 51.0~55.0 cm，♀ 45.0~52.8 cm；体重♂ 1000~1250 g，♀ 900~1100 g。

　　生态习性：主要栖息在开阔、流速较慢的水域地区。性迟钝，不善鸣叫。常成对或小群活动，有时亦集成上百只的大群。休息时多成群停栖在滩边沙洲或湖心岛上。飞行笨重而迟缓。

　　生长繁殖：繁殖期4—6月。通常在越冬地时已成对。4月中旬到达繁殖地后即开始营巢。通常营巢于多植被的湖心岛、水边草丛和无水的芦苇丛中，有时甚至在干芦苇丛里营巢。巢较密集，有时在一个芦苇丛中就能发现6~7个巢。巢由芦苇叶和三棱草构成，内垫柔软的细草和羽毛。窝卵数6~12牧。卵浅灰色或苍绿色。

调查次数	机场名称	只数（调查到的次数）	鸟击风险
8次	稻城亚丁机场	3只（1次）	中
	甘孜格萨尔机场	未见	中
	甘孜康定机场	未见	/
6次	拉萨贡嘎机场	19只（3次）	中
	日喀则和平机场	9只（2次）	中
4次	昌都邦达机场	未见	/
	林芝米林机场	未见	/
	阿里昆莎机场	16只（1次）	中

青藏高原机场鸟种识别

潜鸭属

红头潜鸭 **Common Pochard** *Aythya ferina* 　　　　　三有动物；VU（易危）

成鸟♂　　　　　　　　　　　　　　　　　　　成鸟♀

鉴别特征：雄鸟嘴铅黑色，有淡色的条带，头和颈栗红色；上体灰色，具黑色波状细纹；胸黑色，下体白色。雌鸟头、颈棕褐色；胸暗黄褐色，腹和两胁灰褐色，杂有浅褐色横斑；其余同雄鸟。

体型：体长♂ 41.2~48.4 cm，♀ 44.0~50.1 cm；体重♂ 612~1120 g，♀ 600~1050 g。

生态习性：主要栖息于富有水生植物的各类水域。常成群活动，特别是迁徙季节和冬季常集大群，有时也和其他鸭类混群。白天多在开阔的水面活动，休息时则漂浮于水面或岸边。性胆怯而机警。善于潜水，危急时能从水面直接起飞，在陆地上行走较困难。

生长繁殖：繁殖期4—6月。通常在冬季即已成对，也有迟至春季迁徙或到达繁殖地后才成对的。营巢于水边芦苇或芦苇丛中飘浮的物体上。巢由芦苇和各种水草构成。窝卵数6~9枚。刚产出的卵为淡蓝绿色，后逐渐变为灰黄色。雄鸟在雌鸟开始孵卵后即离开雌鸟到僻静处换羽，由雌鸟独自进行孵卵和育雏。

调查次数	机场名称	只数（调查到的次数）	鸟击风险
8次	稻城亚丁机场	3只（1次）	中
	甘孜格萨尔机场	未见	/
	甘孜康定机场	未见	/
6次	拉萨贡嘎机场	2只（1次）	中
	日喀则和平机场	未见	/
4次	昌都邦达机场	未见	/
	林芝米林机场	未见	/
	阿里昆莎机场	6只（1次）	中

22

成鸟♂（虹膜颜色为白色）　　　　　　　　　　　　　　成鸟♀

鉴别特征：雄鸟头、颈以及胸均为暗栗色，虹膜白色；上体暗褐色，上腹和尾下覆羽白色，翼镜和翼下覆羽亦为白色。雌鸟与雄鸟基本相似，但雌鸟虹膜褐色，雄鸟虹膜白色。

体型：体长♂ 37.1~43.0 cm，♀ 33.0~41.0 cm；体重♂ 550~750 g，♀ 490~650 g。

生态习性：繁殖期间主要栖息于富有水生植物的淡水水域，冬季则主要栖息活动于开阔以及流速较慢的水域。善潜水，但在水下停留的时间不长。性胆怯而机警，常成对或成小群活动，仅在繁殖后的换羽期和迁徙期才集成较大的群。

生长繁殖：繁殖期 4—6 月。通常营巢于水边浅水处芦苇丛或蒲草丛。巢为浮巢，通常飘浮于水草间或半固定于水草上，可随水面涨落而起落。也有营巢于水域附近的草地上的。巢由干的植物茎叶构成，内垫大量绒羽。窝卵数 7~11 枚，偶有多至 14 枚的。刚产出的卵通常为淡绿色或乳白色，随着孵化进程逐渐变为淡褐色。孵卵由雌鸟单独承担，雄鸟在雌鸟开始孵卵后即离开雌鸟到僻静处换羽。

调查次数	机场名称	只数（调查到的次数）	鸟击风险
8 次	稻城亚丁机场	未见	/
	甘孜格萨尔机场	未见	/
	甘孜康定机场	未见	/
6 次	拉萨贡嘎机场	56 只（3 次）	中
	日喀则和平机场	2 只（1 次）	中
4 次	昌都邦达机场	未见	/
	林芝米林机场	未见	/
	阿里昆莎机场	未见	/

24

成鸟♂

成鸟♀

鉴别特征：雄鸟嘴蓝灰色，尖端黑色；眼金黄色；除腹、两胁及翼镜为白色外，其余均为黑色。雌鸟头、颈、上体和胸均为黑褐色；腹和两胁灰白色，且具淡褐色横斑；其余同雄鸟。雌雄鸟均具显著的羽冠，雌鸟的羽冠较雄鸟短。

体型：体长♂ 37.4~43.2 cm，♀ 34.3~43.2 cm；体重♂ 515~800 g，♀ 550~840 g。

生态习性：主要栖息于各类水域的开阔水面，繁殖季节则多选择在富有岸边植物的开阔湖泊与河流地区。性喜成群，特别是迁徙和越冬期间，常集成上百只的大群，也常与其他潜鸭混群。善游泳和潜水，可潜入水下 2~3 m 深。起飞时两翅急速拍打水面，在水上奔跑一段距离才能飞起。

生长繁殖：繁殖期 5—7 月。通常在冬季开始配对结合，一直持续到第二年春迁，也有部分个体在到达繁殖地后才成对的。营巢于湖边或湖心岛上的灌草丛中。通常利用天然的凹坑或自己挖掘凹坑，再垫以枯草茎、草叶和绒羽即成。窝卵数 6~13 枚。卵灰绿色或橄榄色。

调查次数	机场名称	只数（调查到的次数）	鸟击风险
8 次	稻城亚丁机场	4 只（1 次）	中
	甘孜格萨尔机场	未见	/
	甘孜康定机场	未见	/
6 次	拉萨贡嘎机场	4 只（1 次）	中
	日喀则和平机场	未见	/
4 次	昌都邦达机场	未见	/
	林芝米林机场	未见	/
	阿里昆莎机场	未见	/

白眉鸭 **Garganey** *Spatula querquedula*　　　　　　　　三有动物；LC（无危）

成鸟♂/汪乐

鉴别特征：雄鸟嘴黑色，头和颈淡栗色；眉纹白色，宽而长，一直延伸到头后；上体棕褐色，两肩与翅为蓝灰色；翼镜绿色，前后均衬以宽阔的白边；胸棕黄色并杂以暗褐色波状斑，两胁棕白色缀有灰白色的波浪形细斑。雌鸟眉纹白色，但不及雄鸟显著；上体黑褐色，下体白而带棕色。

体型：体长♂ 36.1~41.0 cm，♀ 32.2~38.2 cm；体重♂ 260~400 g，♀ 255~385 g。

生态习性：栖息于开阔的水域。常成对或小群活动，迁徙和越冬期间亦集成大群。性胆怯而机警，常在植被茂盛的隐蔽处活动和觅食。飞行能力强，起飞和降落甚灵活。

生长繁殖：繁殖期5—7月。通常在越冬地时即已成对，已有繁殖历史的成鸟还会重新配对。营巢于水边或离水域不远的茂密草丛中或地上，也有在离水域较远的草地灌木丛下营巢的。巢多利用天然坑或洞穴，有时雌鸟会稍加修理并扩大，内垫干草叶和干草茎即成，开始产卵后雌鸟还会拔下绒羽垫在巢中。窝卵数8~12枚。卵草黄色或黄褐色。

调查次数	机场名称	只数（调查到的次数）	鸟击风险
8次	稻城亚丁机场	未见	/
	甘孜格萨尔机场	未见	/
	甘孜康定机场	未见	/
6次	拉萨贡嘎机场	1只（1次）	中
	日喀则和平机场	未见	/
4次	昌都邦达机场	未见	/
	林芝米林机场	未见	/
	阿里昆莎机场	4只（1次）	中

赤膀鸭 **Gadwall** *Mareca strepera*　　　　　　　　　　三有动物；LC（无危）

成鸟♂　　　　　　　　　　　　　　　　　　　　　　　成鸟♀

　　鉴别特征：雄鸟嘴黑色，脚橙黄色；上体暗褐色，背上部具白色波状细纹；胸暗褐色具细密的条纹状白斑；翅具宽阔的棕栗色横带和黑白二色翼镜，飞翔时尤为明显。雌鸟嘴橙黄色，嘴峰黑色；上体暗褐色具白色斑纹，翼镜白色。

　　体型：体长♂ 48.5~55.0 cm，♀ 44.3~52.0 cm；体重♂ 775~1000 g，♀ 700~850 g。

　　生态习性：喜栖息活动于内陆水域，尤其喜欢在富有水生植物的开阔水域活动，偶尔也出现在海边沼泽地带。常成小群活动，也喜欢与其他鸭类混群。飞行速度极快，两翅扇动快速而有力。

　　生长繁殖：繁殖期5—7月。在到达繁殖地前即已成对。营巢于水边的灌草丛中，有时也在离水域较远的地方营巢。巢域面积较大，但在一些营巢条件好的小岛上，巢也很密集。窝卵数8~12枚。孵卵由雌鸟承担，雄鸟仅在孵卵前期守候在巢附近，此后即离开雌鸟到僻静处换羽。

调查次数	机场名称	只数（调查到的次数）	鸟击风险
8次	稻城亚丁机场	未见	/
	甘孜格萨尔机场	未见	/
	甘孜康定机场	未见	/
6次	拉萨贡嘎机场	7只（2次）	中
	日喀则和平机场	未见	/
4次	昌都邦达机场	未见	/
	林芝米林机场	未见	/
	阿里昆莎机场	未见	/

成鸟♂　　　　　　　　　　　　　　　　　成鸟♀ / 熊昊洋

鉴别特征：雄鸟头部栗色并具皮黄色冠；体羽大多灰色，两胁有白斑；飞行时，白色的翼上覆羽与深色飞羽及绿色的翼镜对比十分强烈。雌鸟通体棕褐色，喙蓝绿色；有与绿眉鸭杂交的个体，杂交个体有显著的绿色眉纹。

体型：体长♂ 46.6~51.2 cm，♀ 41.2~44.3 cm；体重♂ 550~900 g，♀ 506~655 g。

生态习性：栖息于各类水域，尤其喜欢在富有水生植物的开阔水域活动。除繁殖期外，常成群活动，也和其他鸭类混群。善游泳和潜水，飞行快而有力，有危险时能直接从水中或地上起飞，并发出响亮而清脆的叫声。

生长繁殖：繁殖期 5—7 月。通常在越冬期间即已成对，到达繁殖地后即开始营巢繁殖。通常营巢在富有水生植物或岸边植物茂盛的小型湖泊或小河边的灌草丛中。巢一般离水域不远，但也有远至距水边 100~200 m 的。巢极为简陋，大多为地上一个 5~7 cm 深的浅坑，内垫少许枯草；有时无任何内垫，但巢的四周常用大量绒羽围起。雌鸟离巢时会用绒羽将卵盖住。窝卵数 7~11 枚。卵白色或乳白色，光滑无斑。

调查次数	机场名称	只数（调查到的次数）	鸟击风险
8 次	稻城亚丁机场	未见	/
	甘孜格萨尔机场	未见	/
	甘孜康定机场	未见	/
6 次	拉萨贡嘎机场	1 只（1 次）	中
	日喀则和平机场	未见	/
4 次	昌都邦达机场	未见	/
	林芝米林机场	未见	/
	阿里昆莎机场	未见	/

鸭属

斑嘴鸭 **Chinese Spot-billed Duck** *Anas zonorhyncha*　　　　三有动物；LC（无危）

成鸟

鉴别特征：雌雄羽色相似。上嘴黑色，先端黄色。脚橙黄色。脸至上颈侧、眼先、眉纹、颊和喉均为淡黄白色，远处看起来呈白色，与深的羽色呈明显反差。

体型：体长♂ 52.5~62.1 cm，♀ 49.8~63.8 cm；体重♂ 920~1350 g，♀ 890~1250 g。

生态习性：主要栖息在内陆各类水域地带，迁徙期间和冬季也出现在沿海和农田地带。除繁殖期外，成群活动，也和其他鸭类混群。善游泳，但很少潜水。休息时将头反于背上，将嘴插于翅下漂浮于水面。清晨和黄昏时会成群飞往附近农田、沟渠水塘和沼泽地觅食。鸣声宏亮而清脆，很远即可听见。

生长繁殖：繁殖期 5—7 月。营巢于湖泊、河流等水域岸边的草丛或芦苇丛中。巢主要由草茎和草叶构成，产卵开始后雌鸟还会从自己身上拔下绒羽垫于巢的四周，结构甚为精致。窝卵数 8~14 枚。卵乳白色，光滑无斑。

调查次数	机场名称	只数（调查到的次数）	鸟击风险
8次	稻城亚丁机场	未见	/
	甘孜格萨尔机场	未见	/
	甘孜康定机场	未见	/
6次	拉萨贡嘎机场	1只（1次）	中
	日喀则和平机场	未见	/
4次	昌都邦达机场	未见	/
	林芝米林机场	未见	/
	阿里昆莎机场	未见	/

成鸟♂（右2）♀（左1）

　　鉴别特征：雄鸟嘴黄绿色，脚橙黄色；头和颈辉绿色，颈部有一明显的白色领环；胸栗色，翅、两胁和腹灰白色；翅具紫蓝色翼镜，翼镜上下缘具宽的白边，飞行时极醒目。雌鸟嘴黑褐色，嘴端暗棕黄色，脚橙黄色；翅与雄鸟相同。

　　体型：体长♂ 54.0~61.5 cm，♀ 47.0~55.0 cm；体重♂ 1000~1300 g，♀ 910~1015 g。

　　生态习性：是我国最常见的一种野鸭，几乎在任何宽阔的水域都能看见它的身影。除繁殖期外均成群活动，特别是在迁徙和越冬期间，常集成数十、数百甚至上千只的大群。性好动，鸣声响亮而清脆，很远即可听见。

　　生长繁殖：繁殖期4—6月。在越冬地时即已开始配对，1—2月即见有求偶行为。营巢环境极为多样，主要营巢于水域岸边的草丛中或倒木下的凹坑处。巢由草茎、蒲草和苔藓构成。窝卵数7~11枚。卵白色或绿灰色。

调查次数	机场名称	只数（调查到的次数）	鸟击风险
8次	稻城亚丁机场	5只（1次）	中
	甘孜格萨尔机场	3只（1次）	中
	甘孜康定机场	1只（1次）	中
6次	拉萨贡嘎机场	21只（3次）	中
	日喀则和平机场	未见	/
4次	昌都邦达机场	未见	/
	林芝米林机场	未见	/
	阿里昆莎机场	未见	/

成鸟♂

鉴别特征：雄鸟背部杂以淡褐色与白色相间的波状横斑；头暗褐色，颈侧有白色纵带与下体白色相连；翼镜铜绿色；正中一对尾羽特别延长。雌鸟体型较小，上体大多黑褐色，杂以黄白色斑纹，无翼镜；尾较雄鸟短，但较其他鸭尖长。

体型：体长♂ 43.5~71.0 cm，♀ 52.5~60.0 cm；体重♂ 660~1050 g，♀ 545~660 g。

生态习性：越冬期栖息于各种类型的水域地带。繁殖期则主要栖息于大型的湖泊以及流速缓慢的河流中。性喜成群，特别是在迁徙季和冬季，常成几十只至数百只的大群。性胆怯而机警，白天多隐藏在有水的芦苇丛中，或在远离岸边的水面上游荡或休息，黄昏和夜晚才到水边觅食。

生长繁殖：繁殖期4—7月。配对的过程相当快，多数雌鸟在冬季结束之前即已结合成对，部分群体到第二年春季迁徙期间才成对。营巢于湖边、河岸的地上草丛或有稀疏植物覆盖的陆地上，通常距水域50~100 m。窝卵数6~11枚。卵乳黄色。

调查次数	机场名称	只数（调查到的次数）	鸟击风险
8次	稻城亚丁机场	未见	/
	甘孜格萨尔机场	未见	/
	甘孜康定机场	未见	/
6次	拉萨贡嘎机场	3只（1次）	低
	日喀则和平机场	未见	/
4次	昌都邦达机场	未见	/
	林芝米林机场	未见	/
	阿里昆莎机场	6只（1次）	低

成鸟♂

鉴别特征：雄鸟头至颈部深栗色，从眼开始有一条宽阔的绿色带斑一直延伸至颈侧。雌鸟羽色斑驳，但体型较小。雌雄鸟嘴、脚均为黑色，翅上均具翠绿色的翼镜。

体型：体长♂ 33.8~47.0 cm，♀ 30.6~44.0 cm；体重♂ 205~380 g，♀ 238~398 g。

生态习性：主要栖息在开阔、水生植物茂盛的各种水域中，非繁殖期栖息在开阔的水域地带。喜集群，特别是在迁徙季节和冬季，常集成数百甚至上千只的大群活动。飞行疾速、敏捷有力，两翼鼓动快且声响大，头向前伸直。善游泳，但在陆地上行走时显得有些笨拙。

生长繁殖：繁殖期5—7月。越冬期间大多数就已配对成功，也有少数在春季迁徙路上才成对。主要营巢于湖泊、河流等水域岸边或附近的灌草丛中。巢极为隐蔽，通常为一凹坑，内垫少许干草，四周围以绒羽。窝卵数8~11枚。卵白色或淡黄白色。雌鸟负责孵卵，雄鸟在孵卵开始后即离开雌鸟到僻静处换羽。

调查次数	机场名称	只数（调查到的次数）	鸟击风险
8 次	稻城亚丁机场	未见	/
	甘孜格萨尔机场	未见	/
	甘孜康定机场	未见	/
6 次	拉萨贡嘎机场	6只（1次）	低
	日喀则和平机场	未见	/
4 次	昌都邦达机场	未见	/
	林芝米林机场	未见	/
	阿里昆莎机场	7只（1次）	低

鸊鷉目

Podicipediformes

鸊鷉科
Podicipedidae

中到小型的游禽。体型似鸭，但嘴细直而尖，体型肥胖而扁平。眼先裸露，颈较细长，翅短小，尾几乎无。下体羽毛甚密。脚短，位于身体后部，具瓣蹼。

鸊鷉科鸟类主要栖息于江河、湖泊、水塘和沼泽地带。善游泳和潜水，但陆地行走极其困难，同时不善飞行，几乎终生在水中生活。主要以鱼和水生昆虫等动物性食物为食。营巢于水边芦苇丛和水草丛中，巢多为浮巢。雏鸟早成性。

鸊鷉科鸟类不善飞行，除少数种类外（如黑颈鸊鷉）几乎不集群，综合评价其鸟击风险为"低"至"中"，对于集群较大的种类需要额外关注。

共记录1属2种。

凤头鸊鷉 *Podiceps cristatus*

凤头䴙䴘 **Great Crested Grebe** *Podiceps cristatus*　　　　三有动物；LC（无危）

成鸟及幼鸟　　　　　　　　　　　　　　　　　　　成鸟繁殖羽

　　鉴别特征：嘴长而尖。成鸟繁殖羽头侧具两束明显的黑色冠羽。耳区至头顶和喉有长饰羽形成的皱领。后颈至背黑褐色，前颈至下腹白色，两胁棕褐色。非繁殖羽嘴淡红色，额、头顶、后颈和上体黑褐色，其余部位几乎全为白色。

　　体型：体长♂ 52.0~58.0 cm，♀ 45.0~54.6 cm；体重♂ 650~1000 g，♀ 425~950 g。

　　生态习性：繁殖期间主要栖息在开阔的水域地带，喜富有挺水植物和鱼类的湖泊和水塘。冬季多栖息在水流平稳的水域地带。常成对或小群活动。善游泳和潜水，潜水频率很高，潜水时间可达 20~30 秒，最长可达 50 秒左右。起飞较为笨拙，但起飞后飞行速度较快。

　　生长繁殖：繁殖期 5—7 月。求偶时做精湛的求偶炫耀动作，身体会高高挺起并同时点头。营巢于距水面不远的芦苇丛和水草丛中。巢为浮巢，通常弯折芦苇或水草作巢基，呈圆台状，顶部稍为凹陷。卵刚产出时为纯白色，孵化以后逐渐变为污白色。孵卵由雌雄亲鸟轮流承担。雏鸟早成性，孵出后不久即能下水游泳，有爬上亲鸟的背部随亲鸟一起活动的习性。

调查次数	机场名称	只数（调查到的次数）	鸟击风险
8 次	稻城亚丁机场	未见	/
	甘孜格萨尔机场	未见	/
	甘孜康定机场	未见	/
6 次	拉萨贡嘎机场	25 只（2 次）	低
	日喀则和平机场	1 只（1 次）	低
4 次	昌都邦达机场	未见	/
	林芝米林机场	未见	/
	阿里昆莎机场	未见	/

成鸟非繁殖羽

鉴别特征：嘴黑色，细而尖，微向上翘。眼红色。成鸟繁殖羽具松软的黄色耳羽束，前颈和上体黑色，两胁红褐色。非繁殖羽头顶、后颈和上体均为黑褐色，前颈和颈侧灰褐色，其余下体白色。

体型：体长 ♂ 25.0~34.9 cm，♀ 25.0~33.5 cm；体重 ♂ 300~400 g，♀ 240~350 g。

生态习性：栖息活动于各类开阔的水域中，尤喜富有水生植物的湖泊和水塘，在迁徙季也会经过并停歇在开阔的水库。迁徙季会集成数百只的大群，通常成对或成小群活动在开阔的水面上，繁殖期则多在挺水植物丛中或附近水域活动。几乎整日在水中，一般不上到陆地。活动时潜水频率很高，每次潜水时间可达 30~50 秒。不善飞行，除迁徙外几乎不主动飞行。

生长繁殖：繁殖期 5—8 月。每年 4 月初至 4 月中迁入繁殖地，营巢于有水生植物的湖泊与水塘。常成对或成小群在一起营巢，巢多筑在芦苇丛间或固定于芦苇丛上。营浮巢，较为简陋，系由死的水生植物堆集而成。巢呈圆台状，表面中心部分稍微内凹。窝卵数 4~6 枚，刚产出的卵为白色或绿白色，随着孵化逐渐变为污白色。雌雄亲鸟轮流孵卵。

调查次数	机场名称	只数（调查到的次数）	鸟击风险
8次	稻城亚丁机场	未见	/
	甘孜格萨尔机场	未见	/
	甘孜康定机场	未见	/
6次	拉萨贡嘎机场	2只（1次）	低
	日喀则和平机场	未见	/
4次	昌都邦达机场	未见	/
	林芝米林机场	未见	/
	阿里昆莎机场	未见	/

鸽形目

Columbiformes

鸠鸽科
Columbidae

中小型鸟类。喙短细，上嘴先端膨大而坚硬，嘴基有蜡膜。体较肥胖，头稍小，颈粗短。翅长而尖。脚短而强，适于地面行走。

鸠鸽科鸟类大多树栖，少数栖于地面或岩石间。善飞行，常成群栖息活动，有的种类还会成群繁殖。食物主要为种子、果实、植物芽和叶等植物性食物。主要营巢于树上和灌丛间，也有在岩石缝隙或建筑物上营巢的。雏鸟晚成性，亲鸟可以分泌鸽乳饲喂雏鸟。

鸠鸽科内有部分种类喜集大群（如鸽属），也有部分种类喜单独活动（如斑鸠属）；两者的飞行高度均与飞机相撞的概率高。故综合评价其鸟击风险为"中"至"高"，发现大群后，需要立即采取措施进行驱赶。

共记录2属2种。

家鸽（原鸽驯化）*Columba livia domestic*

鸽属

岩鸽 **Hill Pigeon** *Columba rupestris*　　　　　　　三有动物；LC（无危）

成鸟（可见尾部白色次端带）

鉴别特征：体型大小和羽色均与家鸽相似，头和颈上部暗灰色，颈下部、背和胸上部有闪亮的绿色和紫色。翅上有两道不完整的黑色翼斑，下背白色，尾有宽阔的白色次端带。岩鸽与家鸽类似，但岩鸽尾部具白色次端带，可依此进行区分。

体型：体长♂ 29.0~35.0 cm，♀ 23.2~33.3 cm；体重♂ 180~305 g，♀ 201~290 g。

生态习性：主要栖息于山地岩石和悬崖峭壁处，最高可达海拔 5000 m 的高山和高原地区。常成群活动，有时能结成近百只的大群。多在地面觅食，有时会到山谷、平原田野甚至人类聚居地进行觅食。性较温顺，不甚怕人。叫声和家鸽相似，鸣叫时频频点头。

生长繁殖：繁殖期为 4—7 月。营巢于山地的岩石缝隙或悬岩的峭壁洞中，生活在平原地区的种群也会在高的建筑物上筑巢。巢由细枯枝、枯草和羽毛构成，呈盘状。窝卵数通常 2 枚，偶尔 1 年繁殖 2 窝。卵白色。雌雄亲鸟轮流孵卵。

调查次数	机场名称	只数（调查到的次数）	鸟击风险
8 次	稻城亚丁机场	151 只（6 次）	高
	甘孜格萨尔机场	136 只（7 次）	高
	甘孜康定机场	30 只（3 次）	高
6 次	拉萨贡嘎机场	170 只（6 次）	高
	日喀则和平机场	169 只（6 次）	高
4 次	昌都邦达机场	89 只（3 次）	高
	林芝米林机场	30 只（2 次）	高
	阿里昆莎机场	未见	/

山斑鸠 **Oriental Turtle Dove** *Streptopelia orientalis*　　　　　三有动物；LC（无危）

成鸟

鉴别特征：上体大多褐色，颈两侧具黑白色条纹。尾黑色具灰白色端斑，飞翔时呈扇形散开，极为醒目。下体主要为棕红褐色。嘴铅蓝色，脚红色。

体型：体长 ♂ 20.0~35.9 cm，♀ 26.0~34.0 cm；体重 ♂ 175~323 g，♀ 192~280 g。

生态习性：栖息于丘陵，平原，山地阔叶林、混交林、次生林、果园和农田耕地等生境。喜成对活动，有时成对栖息于树上或一起飞行和觅食。在地面活动时十分活跃，常小步迅速前进，边走边觅食，头前后摆动。飞翔时两翅鼓动频繁。

生长繁殖：繁殖期4—7月，一般1年繁殖2窝。营巢于树上，也在竹林或灌木丛中营巢，通常置巢于靠主干的枝条上。巢甚简陋，主要由枯的细树枝交错堆集而成，呈盘状，结构甚为松散。窝卵数通常2枚。卵为白色，光滑无斑。雌雄亲鸟轮流孵卵，孵卵期间甚为恋巢，有时人在巢下走动或停留亦不离巢飞走。

调查次数	机场名称	只数（调查到的次数）	鸟击风险
8 次	稻城亚丁机场	5 只（1 次）	低
	甘孜格萨尔机场	55 只（1 次）	低
	甘孜康定机场	未见	/
6 次	拉萨贡嘎机场	494 只（6 次）	中
	日喀则和平机场	256 只（6 次）	低
4 次	昌都邦达机场	未见	/
	林芝米林机场	103 只（4 次）	中
	阿里昆莎机场	未见	/

青藏高原机场鸟种识别

夜鹰目

Caprimulgiformes

雨燕科
Apodidae

小型的食虫鸟类。嘴短阔而平扁，末端尖，稍向下曲，口裂甚宽阔。翅尖长，双翅折合时翅长远超尾长。脚和趾均短弱，4 趾均向前。

雨燕科鸟类主要在空中飞翔。休息时多挂在垂直的岩壁上，因脚趾的特殊结构，几乎无法停留在需要抓握的地方。主要以在空中捕食昆虫为生。营巢于悬崖石壁的洞穴中，也有在其他天然或人工洞穴中筑巢的。雏鸟晚成性。

雨燕科鸟类除休息外，几乎一直在飞行，且有成大群一起活动的习性。综合评价其鸟击风险为"高"，发现后需要立刻驱赶。

共记录 1 属 2 种。

白腰雨燕 *Apus pacificu* / 熊昊洋

华西白腰雨燕 **Salim Ali's Swift** *Apus salimalii*　　　　　　　　　　LC（无危）

成鸟（尾部分叉大）/ 周华明

鉴别特征：原白腰雨燕在青藏高原的亚种，现为新种华西白腰雨燕。通体黑褐色，喉部白色区域极小，腰白色。两翅狭长，尾呈深叉状。

体型：体长 ♂ 18.0~19.5 cm，♀ 17.1~18.5 cm；体重 ♂ 35~51 g，♀ 41~48 g。

生态习性：主要栖息于陡峻的山坡、悬岩，早晨多成群飞翔于岩壁附近，时而接近岩壁，时而成群飞离，不时往返于巢间。阴天多低空飞翔，从地面或水面一掠而过，天气晴朗时则主要在高空飞翔。飞行速度甚快，边飞边叫，声音尖细。

生长繁殖：繁殖于青藏高原至四川省西部，推测繁殖习性与白腰雨燕类似，下为白腰雨燕繁殖习性：雌雄亲鸟均参与营巢活动，但以雌鸟为主。巢主要由各种草本植物、树皮、苔藓和羽毛构成，亲鸟会用唾液将巢材胶结在一起，粘附于岩壁上。巢呈圆杯状或碟状，巢边缘有一凹陷处，用来放置亲鸟尾部。窝卵数 2~3 枚。卵为白色，光滑无斑。孵卵由雌鸟承担，雄鸟在孵卵期间会衔食饲喂雌鸟。

调查次数	机场名称	只数（调查到的次数）	鸟击风险
8 次	稻城亚丁机场	10 只（1 次）	高
	甘孜格萨尔机场	3 只（1 次）	高
	甘孜康定机场	未见	/
6 次	拉萨贡嘎机场	25 只（2 次）	高
	日喀则和平机场	未见	/
4 次	昌都邦达机场	未见	/
	林芝米林机场	27 只（2 次）	高
	阿里昆莎机场	未见	/

成鸟（尾部分叉小）／周华明

鉴别特征：通体除颊、喉和腰为白色外，全为黑褐色。尾平，微向内凹。

体型：体长♂ 11.3~14.0 cm，♀ 11.0~12.2 cm；体重♂ 25~31 g，♀ 30~31 g。

生态习性：主要栖息于开阔的林区、城镇和悬崖等生境。成群栖息和活动，有时亦与其他燕类混群飞翔。飞翔快速，常在快速振翅之后伴随着滑翔。

生长繁殖：繁殖期4—7月。营巢于岩壁、洞穴和城镇建筑物上。常成对或成小群营巢繁殖。巢多筑于房屋墙壁、天花板和岩壁上，主要使用棉花絮、羽毛和泥土等材料粘结而成，也有用唾液粘结的。巢极柔软、光滑，特别是巢口。巢内常垫有细草茎和羽毛。巢有碟状、杯状、球状等类型，视营巢环境而变化。窝卵数2~4枚。雌雄亲鸟轮流孵卵。

调查次数	机场名称	只数（调查到的次数）	鸟击风险
8次	稻城亚丁机场	未见	/
	甘孜格萨尔机场	未见	/
	甘孜康定机场	未见	/
6次	拉萨贡嘎机场	15只（3次）	高
	日喀则和平机场	8只（1次）	高
4次	昌都邦达机场	未见	/
	林芝米林机场	16只（2次）	高
	阿里昆莎机场	未见	/

鹃形目

Cuculiformes

杜鹃科
Cuculidae

中小型的食虫鸟类。体型似鸽但修长。喙长度适中，先端尖而微曲。翅和尾均较长。脚短弱，外侧两趾朝前，内侧两趾朝后，可以反转脚趾。

杜鹃科鸟类主要栖息于森林中。喜单独活动，常隐栖于林间，不易被发现。鸣声单调洪亮，极具辨识度，有时彻夜鸣叫。主要以各种大型昆虫为食。部分种类具巢寄生习性，可产卵在其他鸟类巢中，由其他鸟类代为孵化并饲育雏鸟。

杜鹃科鸟类行踪隐蔽，喜单独生活，且在各机场调查到的数量较少。综合评价其鸟击风险为"低"，无需特别关注。

共记录 1 属 2 种。

大杜鹃 *Cuculus canorus*

杜鹃属

大杜鹃 **Common Cuckoo** *Cuculus canorus*

成鸟 成鸟

青藏高原机场鸟种识别

　　鉴别特征：上体暗灰色，尾部偏黑色，腹部偏白色，具细密的黑褐色横斑。鸣声似"布谷"。部分亚种雌鸟的羽色为棕红色。

　　体型：体长 ♂ 30.2~34.5 cm，♀ 26.0~33.4 cm；体重 ♂ 100~153 g，♀ 91~135 g。

　　生态习性：栖息于森林中，有时也出现于人类聚集区附近高大的乔木上。喜单独活动。飞行快速而有力，两翅振动幅度较大。繁殖期喜欢鸣叫，常站在乔木顶枝上鸣叫不息。有时晚上亦鸣叫，很远便能听到它"布谷—布谷"的叫声。

　　生长繁殖：繁殖期5—7月。求偶时雌雄鸟互相追逐跳跃，并发出"呼—呼"的低叫声。大杜鹃无固定配偶，亦不自己营巢和孵卵，而是将卵产于各类雀形目的鸟巢中，由这些鸟替它孵化养育雏鸟。

调查次数	机场名称	只数（调查到的次数）	鸟击风险
8次	稻城亚丁机场	3只（2次）	低
	甘孜格萨尔机场	5只（1次）	低
	甘孜康定机场	2只（1次）	低
6次	拉萨贡嘎机场	21只（2次）	低
	日喀则和平机场	2只（1次）	低
4次	昌都邦达机场	3只（1次）	低
	林芝米林机场	4只（1次）	低
	阿里昆莎机场	未见	/

成鸟／周华明

鉴别特征：上体、喉和上胸石板灰色，下胸及腹白色，密布宽的黑褐色横斑。尾无近端黑斑，叫声为"咕—咕"的双音节声。

体型：体长♂ 29.3~34.0 cm，♀ 22.7~32.8 cm；体重♂ 90~129 g，♀ 71~127 g。

生态习性：栖息于山地中茂密的森林，偶尔也出现于人工林和林缘地带。常单独活动，多站在高大而茂密的树上不断地鸣叫，有时也会在夜间鸣叫。鸣声低沉，单调，为二音节，其声似"咕—咕"。

生长繁殖：繁殖期5—7月。繁殖期鸣声频繁，鸣声包括五个音节，首音节尖锐突出，后四个音节较为平缓，有时晚上亦可听见。无固定配偶，亦不自己营巢和孵卵。常将卵产于其他小型的雀形目的巢中，由这些鸟代孵代育。卵的颜色可随寄主卵色而变化，大小明显不同，孵化期大多较寄主的卵短。

调查次数	机场名称	只数（调查到的次数）	鸟击风险
8次	稻城亚丁机场	未见	/
	甘孜格萨尔机场	未见	/
	甘孜康定机场	未见	/
6次	拉萨贡嘎机场	2只（1次）	低
	日喀则和平机场	未见	/
4次	昌都邦达机场	未见	/
	林芝米林机场	未见	/
	阿里昆莎机场	未见	/

鹤形目

Gruiformes

Rallidae

中小型的涉禽。头小而颈长，喙部强直。翅短圆，体较肥胖。尾短，常向上翘。跗跖长，强而有力，有的具瓣蹼。

秧鸡科鸟类主要栖息于沼泽、溪流、湖畔、苇塘及其附近的草地和灌丛地带。性胆怯，善隐匿，部分种类仅在晨昏活动。部分种类飞行能力强，多数种类可以游泳。主要以植物嫩芽、种子、水生昆虫和小鱼为食。于地上营巢。雏鸟早成性。

秧鸡科鸟类部分种类有成群习性，但其飞行高度不高，体型较小。综合评价其鸟击风险为"低"，无需特别关注。

共记录 2 属 2 种。

青藏高原机场鸟种识别

黑水鸡 *Gallinula chloropus*

白骨顶 **Common Coot** *Fulica atra*   三有动物；LC（无危）

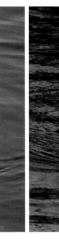

成鸟   成鸟

鉴别特征：通体黑色，嘴和额甲白色。脚淡绿色，趾间具瓣蹼。

体型：体长♂ 38.2~43.0 cm，♀ 35.1~40.5 cm；体重♂ 520~835 g，♀ 430~600 g。

生态习性：栖息于各类水域中，尤以富挺水植物的水域最为常见。除繁殖期外，常成群活动，常成数十只甚至上百只的大群，有时亦和其他鸭类混群栖息和活动。善游泳和潜水，能像鸭一样在水面漂浮。飞行能力较差，起飞时需在水面助跑才能飞起，两翅扇动迅速，并发出呼呼声响。飞行距离通常很短，而且多贴着水面或苇丛低空飞行。

生长繁殖：繁殖期5—7月。营巢于有开阔水面的水边芦苇丛和水草丛中。巢以就地弯折芦苇或蒲草搭于周围的芦苇或蒲草上作基础，然后堆集一些截成小段的芦苇和蒲草即成。因此巢常常和周围的芦苇、水草搅缠在一起，而不是漂浮在水面上，但它可随水面而升降。巢极为简陋，形状似一圆台。窝卵数7~12枚。卵青灰色、灰黄色或浅灰白色，略带绿色光泽，具棕褐色斑点。

调查次数	机场名称	只数（调查到的次数）	鸟击风险
8次	稻城亚丁机场	未见	/
	甘孜格萨尔机场	未见	/
	甘孜康定机场	未见	/
6次	拉萨贡嘎机场	60只（5次）	低
	日喀则和平机场	未见	/
4次	昌都邦达机场	未见	/
	林芝米林机场	未见	/
	阿里昆莎机场	未见	/

水鸡属

黑水鸡 **Common Moorhen** *Gallinula chloropus*　　　　　　三有动物；LC（无危）

成鸟

鉴别特征：通体黑褐色。嘴黄色，嘴基与额甲红色。两胁具白色纵纹，尾下覆羽两侧亦为白色，中间黑色，黑白分明。脚黄绿色，脚上部有一鲜红色环带。

体型：体长♂ 24.0~34.5 cm，♀ 25.0~32.5 cm；体重♂ 200~340 g，♀ 141~400 g。

生态习性：栖息于富有挺水植物的水域中，也出现于林缘、疏林中的湖泊沼泽。常成对或成小群活动。善游泳和潜水，能像鸭一样漂浮在水面。潜水能力强，能潜入水中较长时间。

生长繁殖：繁殖期4—7月。雌雄成对单独繁殖，有时亦成松散的小群集中在一个苇塘中繁殖，巢间距最近1 m左右。营巢于水边浅水处的芦苇丛中或水草丛中，有时也在水边草丛中的地上或水中的小柳树上营巢。巢甚隐蔽，呈碗状，主要由芦苇和草构成，内垫芦苇叶和草叶。窝卵数6~10枚。卵灰白色、乳白色，具红褐色斑点。

调查次数	机场名称	只数（调查到的次数）	鸟击风险
8次	稻城亚丁机场	未见	/
	甘孜格萨尔机场	未见	/
	甘孜康定机场	未见	/
6次	拉萨贡嘎机场	1只（1次）	低
	日喀则和平机场	未见	/
4次	昌都邦达机场	未见	/
	林芝米林机场	未见	/
	阿里昆莎机场	未见	/

鹤科
Gruidae

　　大型涉禽。嘴直而稍侧扁。头顶裸露无羽，颈、脚长。翅宽阔而强壮。后趾小，较前 3 趾高。

　　鹤科鸟类主要栖息于开阔平原、草地、半荒漠以及沼泽湿地等开阔地带。飞行时头颈、脚分别向前后伸直。主要以植物种子、叶、杂草以及小型动物为食。营巢于地面。雏鸟早成性。

　　鹤科鸟类有集群习性，飞行高度适中，且自身体型较大，与飞机相撞后后果更加严重。综合评价其鸟击风险为"高"，在机场及周边发现后需要立刻进行驱赶。需要注意的是，本科鸟类保护级别较高，应采取科学的方法进行无伤驱离。

　　共记录 1 属 1 种。

黑颈鹤 *Grus nigricollis*

黑颈鹤 **Black-necked Crane** *Grus nigricollis*　　　　　　国家一级；NT（近危）

成鸟

鉴别特征：颈、脚甚长，通体灰白色。眼先和头顶裸露，皮肤呈暗红色。头和颈黑色，尾和脚亦为黑色。

体型：体长 ♂ 114~119 cm，♀ 116~120 cm；体重 ♂ 3850~6100 g，♀ 5000~6250 g。

生态习性：栖息于海拔 3000~5000 m 的草甸和河谷中的沼泽地带。除繁殖期常成对或单独活动外，其他季节多成数十只的大群活动。休息时一脚站立，将嘴插于背部羽毛。

生长繁殖：繁殖期 5—7 月。一雌一雄制。在 3 月中下旬到达繁殖地后，即开始配对和求偶，求偶时伴随着复杂的跳舞仪式和共鸣。通常营巢于四周环水的草墩上或茂密的芦苇丛中，巢甚简陋，主要由就近收集的枯草构成。窝卵数通常 2 枚。卵暗绿色、淡绿色或橄榄灰色，其上密被棕褐色斑。

调查次数	机场名称	只数（调查到的次数）	鸟击风险
8 次	稻城亚丁机场	未见	/
	甘孜格萨尔机场	未见	/
	甘孜康定机场	未见	/
6 次	拉萨贡嘎机场	2 只（1 次）	高
	日喀则和平机场	11 只（2 次）	高
4 次	昌都邦达机场	未见	/
	林芝米林机场	未见	/
	阿里昆莎机场	17 只（3 次）	高

鹈形目

Pelecaniformes

鹭科
Ardeidae

中型涉禽。喙长而尖，眼先和眼周裸露无羽。颈部和跗跖均较长。羽毛稀疏而柔软。

鹭科鸟类通常栖息于水域旁的浅水处。飞行时两翅鼓动缓慢，颈缩于肩背上，呈"S"形，停立时颈也多缩于肩背。繁殖期具有纤细的饰羽。食物主要以鱼类、两栖类、甲壳类、爬行类等动物性食物为食。营巢于树上或芦苇丛中，多成群营巢。

鹭科鸟类在机场周边调查到的数量较少，且其飞行高度较低，集群较小。综合评价其鸟击风险为"低"，无需特别关注。

共计录 3 属 4 种。

苍鹭 *Ardea cinerea*

牛背鹭属

牛背鹭 **Cattle Egret** *Bubulcus coromandus*　　　　　　　　三有动物；LC（无危）

成鸟繁殖羽（可见有橙黄色的饰羽）　　　　　　　　　　成鸟非繁殖羽

　　鉴别特征：嘴橙黄色，脚黑褐色。嘴以及颈部较短粗。成鸟繁殖羽头、颈和背长有橙黄色的饰羽，其余白色。非繁殖羽全身白色，无饰羽。

　　体型：体长 46.7~54.9 cm；体重 325~440 g。

　　生态习性：栖息于各种水域地带，有时在农田中也能看到。常成 3~5 只的小群活动。休息时喜欢站在树梢上，颈缩成"S"形。常伴随牛活动，喜欢站在牛背上或跟随在耕田的牛后面啄食翻耕出来的昆虫和牛背上的寄生虫。性活跃而温驯，不甚怕人，活动时寂静无声。飞行时头缩到背上，颈向下突出。飞行高度较低，通常成直线飞行。

　　生长繁殖：繁殖期 4—7 月。营巢于树上或竹林上，营群巢繁殖，也常与其他鹭类在一起营巢。巢由枯枝构成，内垫少许干草。窝卵数 4~9 枚。卵浅蓝色，光滑无斑。

调查次数	机场名称	只数（调查到的次数）	鸟击风险
8 次	稻城亚丁机场	未见	/
	甘孜格萨尔机场	未见	/
	甘孜康定机场	未见	/
6 次	拉萨贡嘎机场	未见	/
	日喀则和平机场	未见	/
4 次	昌都邦达机场	2 只（1 次）	低
	林芝米林机场	未见	/
	阿里昆莎机场	未见	/

苍鹭 **Grey Heron** *Ardea cinerea*   三有动物；LC（无危）

成鸟

鉴别特征：头、颈、脚和嘴均甚长，显得身体十分细瘦。头顶有两条长黑色冠羽，前颈有 2~3 列纵行黑斑，体侧有大块黑色斑点。

体型：体长 ♂ 75.0~105.2 cm，♀ 75.0~100.0 cm；体重 ♂ 942~1825 g，♀ 1030~1750 g。

生态习性：栖息于各类水域的岸边及浅水处。成对和成小群活动，常单独涉水于水边浅水处，长时间站立不动。飞行时两翼鼓动缓慢，颈缩成"S"形，两脚向后伸直，拖于尾后。

生长繁殖：繁殖期 4—6 月。营巢于水域附近的树上、芦苇或水草丛中。多集群营巢，有时一棵树上可达十多对。营巢由雌雄亲鸟共同进行，雄鸟负责运输巢材，雌鸟负责筑巢。巢材随筑巢环境变化，在树上营巢的，巢材多为干树枝和枯草；在芦苇丛中营巢的，巢材多为枯芦苇茎和苇叶。营巢时间 1~2 个星期。结束后立即开始产卵，窝卵数 3~6 枚。刚产出的卵呈蓝绿色，之后逐渐变为天蓝色或苍白色。

调查次数	机场名称	只数（调查到的次数）	鸟击风险
8 次	稻城亚丁机场	未见	/
	甘孜格萨尔机场	未见	/
	甘孜康定机场	未见	/
6 次	拉萨贡嘎机场	1 只（1 次）	低
	日喀则和平机场	未见	/
4 次	昌都邦达机场	未见	/
	林芝米林机场	未见	/
	阿里昆莎机场	未见	/

成鸟繁殖羽

鉴别特征：成鸟繁殖羽嘴黑色，眼先黄色，脚和趾黑色；背和前颈下部长有披针形的饰羽。非繁殖羽嘴黄色，先端黑色，背和前颈无饰羽。

体型：体长 62~70 cm；体重 320~650 g。

生态习性：栖息活动于水域地带的浅水处。有时与其他鹭类混群。警惕性高。飞行时颈缩成"S"形，两脚直伸向后，超出尾外。两翅鼓动缓慢，通常成直线飞行。

生长繁殖：繁殖期 4—6 月。成群或与其他鹭在一起集群营巢于树林或竹林内。巢呈盘状，结构较为简单，由枯枝和干草构成。窝卵数 3~5 枚。卵蓝绿色，偶尔亦有白色。

调查次数	机场名称	只数（调查到的次数）	鸟击风险
8 次	稻城亚丁机场	未见	/
	甘孜格萨尔机场	未见	/
	甘孜康定机场	未见	/
6 次	拉萨贡嘎机场	2 只（1 次）	低
	日喀则和平机场	未见	/
4 次	昌都邦达机场	未见	/
	林芝米林机场	未见	/
	阿里昆莎机场	未见	/

白鹭 **Little Egret** *Egretta garzetta*　　　　　　　　　三有动物；LC（无危）

成鸟

成鸟

鉴别特征：嘴、脚较长，呈黑色，趾呈黄绿色。颈甚长，全身白色。繁殖期眼先粉红色，枕部着生两根狭长而软的饰羽，背和前颈亦生长着蓑羽。

体型：体长♂ 54.0~62.4 cm，♀ 53.5~68.7 cm；体重♂ 350~540 g，♀ 330~520 g。

生态习性：栖息于各类水域中。喜集群，在夜栖地集成数十、数百甚至上千只的大群，白天则分散成小群活动。飞行时头回缩至肩背处，颈向下曲成袋状，两脚向后伸直，远远突出于尾后，两翅缓慢地鼓动飞翔。晚上成群栖息在高大树木的顶部。

生长繁殖：繁殖期 3—7 月。通常结群营巢于高大的乔木上。营巢由雌雄亲鸟共同进行。巢呈浅盘状，结构较简陋，由枯树枝、草茎和草叶构成，亦有在芦苇丛中的地上和灌木上营巢的。窝卵数 3~6 枚。卵灰蓝色或蓝绿色。

调查次数	机场名称	只数（调查到的次数）	鸟击风险
8 次	稻城亚丁机场	未见	/
	甘孜格萨尔机场	未见	/
	甘孜康定机场	未见	/
6 次	拉萨贡嘎机场	未见	/
	日喀则和平机场	8 只（1 次）	低
4 次	昌都邦达机场	未见	/
	林芝米林机场	未见	/
	阿里昆莎机场	未见	/

鲣鸟目

Suliformes

鸬鹚科
Phalacrocoracidae

中、大型的食鱼水鸟。嘴狭长而尖,尖端具钩。眼先和眼周裸露无羽。颈较长,身体亦较细长。尾长而硬直,圆尾或楔尾。趾形扁,趾间有蹼相连。

鸬鹚科鸟类主要栖息于海岸、内陆湖泊和沼泽地带。多成群活动,喜成群站在水域中突出处休息。体表无防水油脂,故可以轻松潜水,但出水后需要张开双翼长时间晾晒羽毛。食物主要为鱼类。营巢于悬岩岩石上、地上、灌丛中或树上。

鸬鹚科鸟类集群较大,飞行高度适中,但在各机场周边的数量较少。综合评价其鸟击风险为"中",需要额外关注。

共计录 1 属 1 种。

普通鸬鹚 *Phalacrocorax carbo*

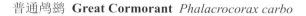

鸬鹚属

普通鸬鹚 **Great Cormorant** *Phalacrocorax carbo*　　　三有动物；LC（无危）

成鸟非繁殖羽

鉴别特征：通体黑色，头颈具紫绿色光泽，两肩和翅具青铜色光彩。嘴角和喉囊黄绿色，眼后下方白色。繁殖期间脸部具白色丝状羽，两胁具白斑。

体型：体长♂ 77.0~87.0 cm，♀ 71.6~83.6 cm；体重♂ 1990~2250 g，♀ 1340~2300 g。

生态习性：栖息于各种水域地带。善游泳和潜水，游泳时颈向上伸直，头微向上倾斜。潜水时会先半跃出水面，再翻身潜入水下。飞行时头颈向前伸直，脚伸向后，两翅扇动缓慢。潜水后会张开翅膀，晾晒羽毛。

生长繁殖：繁殖期4—6月。通常以对为单位成群在一起营巢，到达繁殖地时配对已基本完成。营巢于水域旁的树上，巢由枯枝和水草构成。会利用旧巢，到达繁殖地后即开始修理旧巢和建筑新巢。窝卵数3~5枚。卵淡蓝色或淡绿色。雌雄亲鸟轮流孵卵。

调查次数	机场名称	只数（调查到的次数）	鸟击风险
8次	稻城亚丁机场	未见	/
	甘孜格萨尔机场	未见	/
	甘孜康定机场	未见	/
6次	拉萨贡嘎机场	未见	/
	日喀则和平机场	1只（1次）	中
4次	昌都邦达机场	未见	/
	林芝米林机场	未见	/
	阿里昆莎机场	未见	/

青藏高原机场鸟种识别

56

鸻形目

Charadriiformes

鹮嘴鹬科
Ibidorhynchidae

外形特异的单科型涉禽。具鲜明的羽饰和下弯的红色喙。

鹮嘴鹬科鸟类仅鹮嘴鹬一种，主要栖息活动于多砾石的河流沿岸。以小型昆虫、小型水生动物为食。

鹮嘴鹬科鸟类喜单独或成小群活动，飞行高度低，且在各机场调查到的数量很少。综合评价其鸟击风险为"低"，无需特别关注。

仅记录1属1种。

鹮嘴鹬 *Ibidorhyncha struthersii*

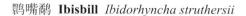

鹮嘴鹬属

鹮嘴鹬 **Ibisbill** *Ibidorhyncha struthersii*　　　　　　国家二级；LC（无危）

成鸟 / 周华明

鉴别特征：嘴红色，向下弯曲呈弧形。头顶至嘴基黑色，四周围以白色，灰色的头颈亦甚醒目。上体和胸灰色，胸以下白色。灰色胸和白色腹之间有一显著的黑色胸带，黑色胸带和灰色胸之间又有一窄的白色胸带，在下体极为醒目。

体型：体长♂ 37.0~41.2 cm，♀ 38.1~44.2 cm；体重♂ 253~292 g，♀ 293~337 g。

生态习性：栖息于山地、高原和丘陵地区的溪流和多砾石的河流沿岸，冬季多到低海拔的山脚地带活动。常单独或成 3~5 只的小群出入于河流两岸的砾石滩和沙滩上，有时也涉水到齐腹深的水中，将头和颈伸入水中觅食。

生长繁殖：繁殖期 5—7 月。通常营巢于河岸边的砾石间或山区溪流中的小岛上。巢甚简陋，主要在砾石间稍微扒成一浅坑，内无任何铺垫物。窝卵数 3~4 枚。卵绿灰色或灰色，具黄褐色斑点。

调查次数	机场名称	只数（调查到的次数）	鸟击风险
8 次	稻城亚丁机场	4 只（2 次）	低
	甘孜格萨尔机场	未见	/
	甘孜康定机场	未见	/
6 次	拉萨贡嘎机场	1 只（1 次）	低
	日喀则和平机场	未见	/
4 次	昌都邦达机场	未见	/
	林芝米林机场	未见	/
	阿里昆莎机场	未见	/

反嘴鹬科
Recurvirostridae

中型的涉禽。嘴尖直，腿极长。体羽大多为黑白二色。

反嘴鹬科鸟类主要栖息于各种水域岸边。主要以甲壳类、昆虫、软体动物为食，偶尔吃小鱼和种子。营巢于水边的草丛中。

反嘴鹬科鸟类同鹬嘴鹬科鸟类，集群较小，飞行高度低，且在各机场调查到的数量较少。综合评价其鸟击风险为"低"，无需特别关注。

共记录 1 属 1 种。

黑翅长脚鹬 *Himantopus himantopus*

长脚鹬属

黑翅长脚鹬 **Black-winged Stilt** *Himantopus himantopus*　　　　三有动物；LC（无危）

成鸟

鉴别特征：脚极长而细，为粉红色。嘴长而细尖，为黑色。雄鸟夏季从头顶至背，包括两翅在内为黑色。冬季雌鸟和雄鸟大致相似，但头顶至后颈多为白色，通体除背、肩和两翅外，全为白色。

体型：体长♂ 35.1~40.1 cm，♀ 29.3~37.0 cm；体重♂ 166~200 g，♀ 146~190 g。

生态习性：栖息于开阔平原草地中的湖泊、浅水塘和沼泽地带。非繁殖期亦出现于河流浅滩、水稻田、鱼塘和海岸附近的水域地带。常在浅水或沼泽地上活动，非繁殖期成较大的群。有时进到齐腹深的水中觅食。

生长繁殖：繁殖期5—7月。营巢于开阔的湖边沼泽、草地或湖中露出水面的浅滩及沼泽地上。常成群营巢，有时也与其他水禽混群营巢。巢呈碟状，主要由芦苇茎、叶和杂草构成。窝卵数通常4枚。卵为黄绿色或橄榄褐色，具黑褐色斑点。雌雄轮流孵卵。孵化期间如遇干扰，亲鸟会起飞到干扰者头顶上空盘旋、鸣叫，时飞时落，引诱干扰者离开。

调查次数	机场名称	只数（调查到的次数）	鸟击风险
8 次	稻城亚丁机场	7 只（1 次）	低
	甘孜格萨尔机场	未见	/
	甘孜康定机场	未见	/
6 次	拉萨贡嘎机场	未见	/
	日喀则和平机场	未见	/
4 次	昌都邦达机场	未见	/
	林芝米林机场	未见	/
	阿里昆莎机场	1 只（1 次）	低

鸻科
Charadriidae

中小型的涉禽。嘴短而直，先端硬且膨大。跗跖强而有力，大多数种类无后趾。两翼较长，尾短。

鸻科鸟类主要栖息于海滨、湖畔等浅水地带以及周边的沼泽和草地。喜集群，除繁殖期外常成群活动。行动轻快敏捷，飞行快而有力。主要以各种小型无脊椎动物为食。营巢于地面凹处。雏鸟早成性。

鸻科鸟类常集大群活动，但飞行高度低，且在各机场调查到的数量较少。综合评价其鸟击风险为"低"，无需特别关注。

共记录1属2种。

青藏高原机场鸟种识别

环颈鸻 *Charadrius alexandrinus*

环颈鸻 **Kentish Plover** *Charadrius alexandrinus*　　　　　三有动物；LC（无危）

成鸟♂　　　　　　　　　　　　　　　　　　　　　成鸟♀

鉴别特征：上体沙褐色，下体白色。具黑色颈环，在胸前断开。额白色，额基与头顶前部黑色。眼先为黑色，经眼至耳覆羽有一条宽阔的黑色贯眼纹。翅上具粗著的白色翅斑，飞翔时明显可见。繁殖羽头顶栗红色，冬羽头顶灰色。

体型：体长♂ 17.7~20.0 cm，♀ 17.8~19.0 cm；体重♂ 45~62 g，♀ 44~63 g。

生态习性：栖息于沿海海岸、河口沙洲、内陆河流、湖泊岸边及其附近沼泽、农田和草地。常单独或成小群活动，有时亦集成数十至上百只的大群。特别喜欢在水边沙滩和沙石岸边活动。

生长繁殖：繁殖期5—8月。营巢于沿海海岸、高纬度苔原以及内陆的河流、湖泊岸边。通常置巢于离水域不远的沙地或沙石地上。巢甚简陋，为天然浅坑或由亲鸟在沙地上刨一浅坑而成，除有时会垫少许干草，几乎无内垫物。窝卵数3~5枚。卵淡黄色或灰色，具暗色斑点。

调查次数	机场名称	只数（调查到的次数）	鸟击风险
8次	稻城亚丁机场	未见	/
	甘孜格萨尔机场	未见	/
	甘孜康定机场	未见	/
6次	拉萨贡嘎机场	2只（1次）	低
	日喀则和平机场	50只（1次）	低
4次	昌都邦达机场	未见	/
	林芝米林机场	未见	/
	阿里昆莎机场	未见	/

成鸟繁殖羽 / 王辉

鉴别特征：上体灰褐色，嘴黑且粗短。繁殖羽的颊和喉白色，额头有黑带。胸和颈棕红色，其余下体白色。非繁殖期胸部棕红色消失，仅具窄的褐色胸带，贯眼纹褐色，眉纹白色。飞翔时翅上具显著的白色翼带。原蒙古沙鸻西部亚种，蒙古沙鸻繁殖羽额头白色，青藏沙鸻繁殖羽额头全黑。

体型：体长♂ 18.0~19.8 cm，♀ 18.0~19.6 cm；体重♂ 55~67 g，♀ 51~67 g。

生态习性：栖息于沿海海岸、沙滩，以及河口、湖泊、河流等水域岸边，以及附近沼泽、草地和农田地带，也出现于荒漠、半荒漠和高山地带的水域岸边及其沼泽地上，有时也到离水域较远的草原和田野活动及觅食。常单独活动，有时也见成对或成小群活动，特别是冬季常集成大群。

生长繁殖：繁殖期 6—7 月。营巢于高山林线以上的高原或苔原地带。巢多置于高山苔原地上和水域岸边。窝卵数 2~4 枚。卵赭褐色或皮黄色，具黑褐色斑点。

调查次数	机场名称	只数（调查到的次数）	鸟击风险
8次	稻城亚丁机场	未见	/
	甘孜格萨尔机场	未见	/
	甘孜康定机场	未见	/
6次	拉萨贡嘎机场	未见	/
	日喀则和平机场	4只（2次）	低
4次	昌都邦达机场	未见	/
	林芝米林机场	未见	/
	阿里昆莎机场	1只（1次）	低

鹬科
Scolopacidae

中小型的涉禽。羽色多较淡而富有条纹。嘴细长，但随取食方式不同有较大变化。

鹬科鸟类主要栖息于海滨和近海的开阔湿地，少数种类栖于内陆高海拔地区。善于长途飞行，飞行时头向前伸，两腿向后挺直，常边飞边叫。主要以各种昆虫、软体动物为食。营巢于水边的地面草丛中。

鹬科鸟类飞行高度不高，且在各机场调查到的数量较少。综合评价其鸟击风险为"低"，无需特别关注。

共记录2属4种。

林鹬 *Tringa glareola*

矶鹬属

矶鹬 **Common Sandpiper** *Actitis hypoleucos*   三有动物；LC（无危）

成鸟

鉴别特征：嘴、脚均较短，嘴暗褐色，脚淡黄褐色。上体黑褐色，下体白色，并沿胸侧向背部延伸，在翼角前方形成显著的月牙形白斑。

体型：体长♂ 16.0~20.0 cm，♀ 18.3~21.4 cm；体重♂ 41~59 g，♀ 40~61 g。

生态习性：栖息于低山丘陵和山脚平原一带的江河沿岸、湖泊、水库、水塘岸边。夏季亦常沿林中溪流进到高山森林地带。常单独或成对活动，非繁殖期亦成小群。性机警，行走时缓慢轻盈，同时频频地上下点头。受惊后立刻起飞，通常沿水面低飞。

生长繁殖：繁殖期5—7月。繁殖前雄鸟极为活跃，常在巢区附近频繁地飞翔。通常营巢于江河岸边的沙滩草丛中。雌雄共同营巢。巢甚简陋，通常利用天然凹坑，或在地上扒一小坑，再内垫少许草茎和草叶而成。窝卵数4~5枚。卵肉红色，具红褐色斑点。

调查次数	机场名称	只数（调查到的次数）	鸟击风险
8次	稻城亚丁机场	未见	/
	甘孜格萨尔机场	未见	/
	甘孜康定机场	未见	/
6次	拉萨贡嘎机场	未见	/
	日喀则和平机场	未见	/
4次	昌都邦达机场	未见	/
	林芝米林机场	未见	/
	阿里昆莎机场	1只（1次）	低

白腰草鹬 **Green Sandpiper** *Tringa ochropus*　　　　　三有动物；LC（无危）

成鸟

鉴别特征：繁殖羽上体黑褐色具白色斑点。腰和尾白色，尾具黑色横斑。下体白色，胸具黑褐色纵纹。白色眉纹仅限于眼先，与白色眼周相连，在暗色的头上极为醒目。非繁殖羽颜色较灰，胸部纵纹不明显，为淡褐色。

体型：体长♂ 20.0~25.5 cm，♀ 21.7~26.4 cm；体重♂ 60~104 g，♀ 60~107 g。

生态习性：繁殖季节主要栖息于山地或平原森林中的湖泊、河流、沼泽和水塘附近。非繁殖期主要栖息于浅水水域。常单独或成对活动。常上下晃动尾，边走边觅食。

生长繁殖：繁殖期5—7月。在森林中繁殖，巢多置于草丛中或树根处，也有营巢于树上的。一般不筑巢，而是利用其他鸟类废弃的旧巢。窝卵数3~4枚。卵桂红色、污白色、灰色或灰绿色，具红褐色斑点。

调查次数	机场名称	只数（调查到的次数）	鸟击风险
8次	稻城亚丁机场	未见	/
	甘孜格萨尔机场	未见	/
	甘孜康定机场	未见	/
6次	拉萨贡嘎机场	5只（1次）	低
	日喀则和平机场	2只（1次）	低
4次	昌都邦达机场	未见	/
	林芝米林机场	未见	/
	阿里昆莎机场	8只（2次）	低

红脚鹬 **Common Redshank** *Tringa totanus* 三有动物；LC（无危）

成鸟

鉴别特征：中型鹬。夏季上体锈褐色，下体白色。颊至胸具黑褐色纵纹，两胁具黑褐色横斑。嘴长直而尖，为橙红色，尖端黑色。脚亦较长，为橙红色。冬羽和夏羽相似，但上下体斑纹不明显。

体型：体长 26.0~28.3 cm，♀ 25.0~28.7 cm；体重♂ 97~157 g，♀ 105~145 g。

生态习性：在各种生境中的水域和湿地均有栖息。非繁殖期主要在沿海沙滩和附近盐碱沼泽地带活动，少量在内陆湖泊、河流和沼泽与湿草地上活动及觅食。常单独或成小群活动，休息时则成群。性机警，飞翔能力强，受惊后立刻冲起。

生长繁殖：繁殖期 5—7 月。到达繁殖地初期常成小群活动，以后逐渐分散，成对进入各自的繁殖地，有时也成数对集中在一处营巢繁殖。通常营巢于海岸、湖边、河岸和沼泽地上。巢多利用地面凹坑，或在地上扒一圆形浅坑，大小在直径 15 cm 左右，内垫枯草和树叶。窝卵数 3~5 枚。卵淡绿色或淡赭色，具黑褐色斑点。

调查次数	机场名称	只数（调查到的次数）	鸟击风险
8 次	稻城亚丁机场	未见	/
	甘孜格萨尔机场	未见	/
	甘孜康定机场	未见	/
6 次	拉萨贡嘎机场	未见	/
	日喀则和平机场	未见	/
4 次	昌都邦达机场	未见	/
	林芝米林机场	未见	/
	阿里昆莎机场	16 只（2 次）	低

成鸟

青藏高原机场鸟种识别

鉴别特征：嘴黑色。脚较长，暗黄色或橄榄绿色。夏季，头具白色眉纹和黑褐色贯眼纹，头和后颈黑褐色，具细的白色纵纹。背黑褐色具白色斑点。腰和尾白色，尾具黑褐色横斑。胸具黑褐色纵纹，腋羽和翼下覆羽白色。

体型：体长♂19.6~22.9 cm，♀19.1~22.4 cm；体重♂52~72 g，♀48~84 g。

生态习性：主要栖息于开阔的水域地带岸边。常单独或成小群活动，迁徙期也集成大群。活动时在水边觅食，时而在水边疾走，时而站立于水边不动。性胆怯而机警。遇到危险立即起飞，边飞边叫。

生长繁殖：繁殖期5—7月。营巢于水边或附近草丛与灌丛中。巢甚简陋，实为地上的小浅坑，或在苔藓地上扒出一个小坑，内垫苔藓、枯草和树叶。窝卵数通常4枚。卵淡绿色或皮黄色，具褐色或红褐色斑点。雌雄轮流孵卵。

调查次数	机场名称	只数（调查到的次数）	鸟击风险
8次	稻城亚丁机场	未见	/
	甘孜格萨尔机场	未见	/
	甘孜康定机场	未见	/
6次	拉萨贡嘎机场	未见	/
	日喀则和平机场	未见	/
4次	昌都邦达机场	未见	/
	林芝米林机场	2只（1次）	低
	阿里昆莎机场	3只（1次）	低

鸥 科
Laridae

中小型的水域鸟类。嘴直而尖,尖端微向下钩曲。翅长而尖,折合时一般超过尾端。幼鸟及亚成鸟具褐色杂斑,部分种类要换羽多年才具成鸟羽饰。

鸥科鸟类主要栖息于近海海洋、海岸、岛屿、河口以及内陆湖泊、河流等各类水体中。主要以各种水生动物、昆虫以及腐肉为食。营巢于地上、悬岩或树上,巢较简陋。

鸥科鸟类善于飞行,部分种类有集大群的习性。综合评价其鸟击风险为"中",对于附近存在大面积水域的机场,应额外关注鸥群的动态。

共记录3属4种。

红嘴鸥 *Choicocephalus ridibundus*

彩头鸥属

棕头鸥 **Brown-headed Gull** *Chroicocephalus brunnicephalus*　　三有动物；LC（无危）

成鸟繁殖羽

　　鉴别特征：嘴、脚深红色。成鸟繁殖羽头深褐色。肩、背淡灰色，腰、尾和下体白色。外侧两枚初级飞羽黑色，末端具显著的白色翼镜。其余初级飞羽基部白色，具黑色端斑。冬羽头、颈白色，眼后具一暗色斑，其余和夏羽相似。

　　体型：体长♂ 41.9~46.6 cm，♀ 42.1~46.2 cm；体重♂ 550~714 g，♀ 450~700 g。

　　生态习性：繁殖期间栖息于海拔 2000~3500 m 的高山和高原水域地带，非繁殖期主要栖息于海岸、河口、平原湖泊、水库和河流。常与红嘴鸥混群。

　　生长繁殖：繁殖期 6—7 月。营巢于岸边的草地或沼泽地上。巢甚简陋，主要为地上凹坑，内垫少许苔藓或枯草。窝卵数通常 3 枚。卵赭色或淡绿色，具黑褐色斑点。

调查次数	机场名称	只数（调查到的次数）	鸟击风险
8 次	稻城亚丁机场	未见	/
	甘孜格萨尔机场	未见	/
	甘孜康定机场	未见	/
6 次	拉萨贡嘎机场	86 只（5 次）	中
	日喀则和平机场	12 只（3 次）	中
4 次	昌都邦达机场	未见	/
	林芝米林机场	1 只（1 次）	中
	阿里昆莎机场	未见	/

成鸟（头部棕色为繁殖羽，白色为非繁殖羽）

鉴别特征：嘴细长，红色。夏羽头和颈上部褐色，背、肩灰色，外侧初级飞羽上面白色，具黑色尖端。其余体羽白色。眼周白色，飞翔时翼外缘白色。冬羽和夏羽类似，但头变为白色，眼后有一褐色斑。

体型：体长 ♂ 35.5~43.0 cm，♀ 35.0~41.2 cm；体重 ♂ 210~374 g，♀ 205~330 g。

生态习性：栖息于平原和低山丘陵地带的水域地带，也出现于森林、荒漠与半荒漠中的河流、湖泊甚至城市公园等水域。常成小群活动，冬季在越冬的湖面上常集成近百只的大群。

生长繁殖：繁殖期 4—6 月。巢多置于岸边的草丛或芦苇丛中。巢呈浅碗状，主要由枯草构成。窝卵数 2~4 枚。卵绿褐色、淡蓝橄榄色或灰褐色，具黑褐色斑。

调查次数	机场名称	只数（调查到的次数）	鸟击风险
8 次	稻城亚丁机场	未见	/
	甘孜格萨尔机场	未见	/
	甘孜康定机场	未见	/
6 次	拉萨贡嘎机场	1 只（1 次）	中
	日喀则和平机场	未见	/
4 次	昌都邦达机场	未见	/
	林芝米林机场	未见	/
	阿里昆莎机场	未见	/

渔鸥属

渔鸥 **Pallas's Gull** *Ichthyaetus ichthyaetus*   三有动物；LC（无危）

成鸟（换羽中）/ 周华明   亚成鸟

　　鉴别特征：夏羽头黑色，眼周白色，前额平扁。初级飞羽白色，具显著的黑色亚端斑。背、肩珠灰色，其余上下体羽白色。嘴粗厚，黄色，尖端红色，亚端斑黑色。翅窄而尖长，站立时翅尖显著超过尾尖。冬羽头白色，嘴尖仅具黑斑而无红斑，头至后颈具暗色纵纹。

　　体型：体长 63.0~71.5 cm；体重♂约 2000 g。

　　生态习性：栖息于海岸、海岛、大的咸水湖。常单独或成小群活动。

　　生长繁殖：繁殖期 4—6 月。营巢于海岸、湖边和岛屿上。常成群营巢，巢多置于水边悬岩或平地和沙地上。巢主要由水生植物、枯草和草根构成，内垫羽毛。巢间距有时最近还不到 20 cm。窝卵数 2~4 枚。卵乳白色或灰绿色，具灰色和黑色斑点。

调查次数	机场名称	只数（调查到的次数）	鸟击风险
8 次	稻城亚丁机场	未见	/
	甘孜格萨尔机场	未见	/
	甘孜康定机场	未见	/
6 次	拉萨贡嘎机场	5 只（3 次）	中
	日喀则和平机场	9 只（3 次）	中
4 次	昌都邦达机场	未见	/
	林芝米林机场	未见	/
	阿里昆莎机场	1 只（1 次）	中

燕鸥属

普通燕鸥 **Common Tern** *Sterna hirundo*   三有动物；LC（无危）

成鸟

鉴别特征：翅长，窄而尖。外侧尾羽极度延长，使尾呈深叉状。嘴、脚黑色或红色。繁殖羽额、头顶至枕黑色，背蓝灰色，下体白色，胸以下灰色。站立时尾尖达到翅尖，长度几相等。非繁殖羽前额、颊、颈侧和下体白色。头顶前部白色，有黑色斑点。头顶后部和枕黑色，背灰色，其余似夏羽。

体型：体长♂ 32.7~37.5 cm，♀ 31.0~35.4 cm；体重♂ 100~122 g，♀ 92~110 g。

生态习性：栖息于平原、草地、荒漠中的湖泊、河流、水塘和沼泽地带，也出现于河口、海岸和沿海沼泽与水塘。常成小群活动，频繁地飞翔于水域和沼泽上空。飞行轻快而敏捷，两翅扇动缓慢而轻微，并不时地在空中滑翔。

生长繁殖：繁殖期5—7月。巢多置于水域岸边平坦的沙地与沙石地上，也在沼泽中高出的土堆、漂浮的芦苇或其他植物堆上营巢。巢甚简陋，主要为沙石地上的浅坑，内垫少许枯草和羽毛。窝卵数2~5枚。卵赭褐色、灰绿色或橄榄绿色，具褐色斑纹。

调查次数	机场名称	只数（调查到的次数）	鸟击风险
8次	稻城亚丁机场	2只（1次）	中
	甘孜格萨尔机场	3只（1次）	中
	甘孜康定机场	未见	/
6次	拉萨贡嘎机场	87只（5次）	中
	日喀则和平机场	93只（5次）	中
4次	昌都邦达机场	12只（3次）	中
	林芝米林机场	6只（3次）	中
	阿里昆莎机场	未见	/

鸮形目

Strigiformes

Strigidae

中小型的夜行性猛禽，俗称猫头鹰。喙强而有力，前端具钩。头大而圆，眼大朝前，有的种类头顶两端具耳状簇羽。翅宽而稍圆。脚粗壮，多数种类完全被羽，爪强健而有力。

鸮鹰科鸟类主要栖息于森林和荒野。大多数种类夜行性，白天隐匿于树洞、岩穴或树丛中休息，晚上则外出捕猎。主要以小型动物、大型昆虫等动物性食物为食。营巢于树洞和岩石缝隙之间。雏鸟晚成性。

鸮鹰科鸟类喜单独活动，因习性很少高飞，在各机场调查到的数量较少。综合评价其鸟击风险为"低"，无需额外关注。

共记录 1 属 1 种。

纵纹腹小鸮 *Athene noctua*

73

青藏高原机场鸟种识别

小鸮属

纵纹腹小鸮 **Little Owl** *Athene noctua*　　　　　　　　国家二级；LC（无危）

成鸟

　　鉴别特征：面盘不明显，亦无耳簇羽。眼上方白色，形成两道眉纹并在前额连接成"V"形斑。上体灰褐色，散缀白色斑点。下体棕白色有褐色纵纹，腹中央至肛周、腿覆羽白色，跗跖和趾均被棕白色羽。

　　体型：体长♂ 20.0~25.6 cm，♀ 21.0~24.5 cm；体重♂ 100~180 g，♀ 100~285 g。

　　生态习性：栖息于低山丘陵、林缘灌丛和平原森林地带，也出现在农田、荒漠和村庄附近的树林中。主要在夜间活动，常栖息在荒坡或农田地边的大树顶上或电杆上。飞行迅速，常通过等待和快速追击捕猎食物。

　　生长繁殖：繁殖期5—7月。通常营巢于各种天然洞穴中，有时也营巢在树洞或自己挖掘的洞穴中。窝卵数 2~8 枚。卵白色。

调查次数	机场名称	只数（调查到的次数）	鸟击风险
8 次	稻城亚丁机场	未见	/
	甘孜格萨尔机场	未见	/
	甘孜康定机场	1 只（1 次）	低
6 次	拉萨贡嘎机场	未见	/
	日喀则和平机场	未见	/
4 次	昌都邦达机场	1 只（1 次）	低
	林芝米林机场	未见	/
	阿里昆莎机场	1 只（1 次）	低

鹰形目

Accipitriformes

鹰科
Accipitridae

中至大型的肉食性猛禽。喙呈钩状，极为锋利。脚强健有力，趾上具锐利而弯曲的爪，善于撕裂动物。翼展宽大，善于飞行和滑翔。

鹰科鸟类主要栖息于山区悬崖峭壁、森林、草原等各种生境。多在白天活动，视觉敏锐，在极高的高空也能窥视地面的猎物。善飞行，能利用热气流长时间在空中盘旋滑翔。休息时多站在高树顶部和悬崖峭壁。主要以啮齿动物、中小型鸟类、动物尸体等动物性食物为食。营巢于悬崖峭壁、树上或地面上。雏鸟晚成性。

鹰科鸟类喜欢在高空长时间盘旋，且其体重均较大，与飞机相撞后造成的损失也较大。综合评价其鸟击风险为"高"，若在机场周边发现应立即进行驱赶。

共记录 9 属 12 种。

高山兀鹫 *Gyps himalayensis*

胡兀鹫属

胡兀鹫 **Bearded Vulture** *Gypaetus barbatus*　　　　　国家一级；NT（近危）

成鸟（注意额部的"胡须"）

　　鉴别特征：和其他各种兀鹫明显不同之处是头、颈不裸露，完全被羽，锈白色。颏部有长而硬的黑毛形成特有的"胡须"。上体暗褐色或黑色，下体皮黄色。飞翔时两翅窄，长而尖。尾甚长，呈明显的楔形尾。

　　体型：体长 100~140 cm；体重 3500~5600 g。

　　生态习性：生活于高原地带的裸岩地区，有报道甚至在海拔超过 7000 m 的区域亦有其活动轨迹。常在山顶或山坡上空缓慢地飞行和翱翔，头向下低垂，以寻觅动物尸体。

　　生长繁殖：繁殖期 2—5 月。营巢于高山悬崖岩壁上大的缝隙和岩洞中。巢为盘状，内面稍凹，主要由枯枝构成，内放枯草、细枝、棉花等材料。窝卵数 1~3 枚。卵暗灰色，具红褐色或褐色斑。

调查次数	机场名称	只数（调查到的次数）	鸟击风险
8 次	稻城亚丁机场	1 只（1 次）	高
	甘孜格萨尔机场	5 只（4 次）	高
	甘孜康定机场	2 只（2 次）	高
6 次	拉萨贡嘎机场	未见	/
	日喀则和平机场	未见	/
4 次	昌都邦达机场	4 只（2 次）	高
	林芝米林机场	未见	/
	阿里昆莎机场	未见	/

蜂鹰属

凤头蜂鹰 **Oriental Honey Buzzard** *Pernis ptilorhynchus*　　　　国家二级；LC（无危）

　　　　成鸟（中间色型）/ 熊昊洋　　　　　　　　　　成鸟（深色型）/ 熊昊洋

　　鉴别特征：头侧具短而硬的鳞片状羽，较厚密。上体通常为黑褐色，其余下体具淡红褐色和白色相间排列的横带和粗著的黑色纹。初级飞羽暗灰色，尖端黑色，翼下飞羽白色或灰色，具黑色横带。羽色变化较大，有拟态其他猛禽的特殊羽色。

　　体型：体长 50~60 cm；体重 1000~1800 g。

　　生态习性：栖息于不同海拔的森林中，尤以疏林和林缘地带较常见。食性在鹰科鸟类中极为特殊，以蜂类、蜂蜜、蜜蜂幼虫以及蜂蜡为食。

　　生长繁殖：繁殖期 4—6 月。营巢于树上，巢主要由枯枝构成，中间稍微下凹，呈盘状，内放少许草茎和草叶，有时亦利用其他猛禽的旧巢。窝卵数 2~3 枚。卵砖红色或黄褐色，具咖啡色斑点。

调查次数	机场名称	只数（调查到的次数）	鸟击风险
8 次	稻城亚丁机场	未见	/
	甘孜格萨尔机场	未见	/
	甘孜康定机场	1 只（1 次）	高
6 次	拉萨贡嘎机场	未见	/
	日喀则和平机场	未见	/
4 次	昌都邦达机场	未见	/
	林芝米林机场	未见	/
	阿里昆莎机场	未见	/

兀鹫属

高山兀鹫 **Himalayan Griffon** *Gyps himalayensis*　　　　　国家二级；NT（近危）

亚成鸟（翼下覆羽棕灰白色）

成鸟（翼下覆羽乳白色）

鉴别特征：头和颈裸露，稀疏被有污黄色绒羽。颈基部羽簇呈披针形，淡皮黄色。上体淡黄褐色；飞羽黑色，下体淡皮黄褐色，飞行时颜色对比十分明显，易于辨认。

体型：体长 120~149 cm；体重 800~1200 g。

生态习性：栖息于高山和高原地区，常在高山森林上部的苔原森林地带或高原草地、荒漠和岩石地带活动。主要在高空翱翔，有时也成群栖息于地上或岩石上。繁殖期多在海拔 2000~6000 m 的山地活动。主要以腐肉为食，几乎不会攻击活的生物。

生长繁殖：繁殖期 2—5 月。通常营巢于高原上悬崖岩壁的凹处，有报道其非常喜欢用藏羚羊的角来筑巢，有时收集的数目多达 100 枚以上。每窝仅产卵 1 枚。卵白色或淡绿白色，偶尔被褐色斑点。常单独繁殖，有时也见 4~5 对在一起繁殖。

调查次数	机场名称	只数（调查到的次数）	鸟击风险
8 次	稻城亚丁机场	6 只（5 次）	中
	甘孜格萨尔机场	75 只（7 次）	高
	甘孜康定机场	15 只（3 次）	高
6 次	拉萨贡嘎机场	未见	/
	日喀则和平机场	95 只（2 次）	中
4 次	昌都邦达机场	65 只（4 次）	高
	林芝米林机场	未见	/
	阿里昆莎机场	未见	/

禿鹫属

禿鹫 **Cinereous Vulture** *Aegypius monachus*　　　　国家一级；NT（近危）

成鸟／王辉

　　鉴别特征：通体黑褐色，头裸出，仅被短的黑褐色绒羽，后颈完全裸露。亚成鸟比成鸟羽色淡，头部覆羽更多，亦容易识别。

　　体型：体长♂ 110~115 cm，♀ 108~116 cm；体重♂ 5750~8500 g，♀ 6000~9200 g。

　　生态习性：主要栖息于低山丘陵、高山荒原、荒岩草地、山谷溪流和林缘地带，常单独活动，偶尔也成小群，特别是在食物丰富的地方。

　　生长繁殖：繁殖期 3—5 月。通常营巢于森林，也会在裸露的高山地区营巢。巢多筑在树上，偶尔也筑于山坡或悬崖边。巢域和巢位较固定，一个巢可利用多年，但每年都会对旧巢进行修理并增加新的巢材。巢呈盘状，主要由枯树枝构成，内放细的枝条、草、叶、树皮、棉花和毛。窝卵数 1 枚。卵污白色，具红褐色的条纹和斑点。

调查次数	机场名称	只数（调查到的次数）	鸟击风险
8 次	稻城亚丁机场	未见	/
	甘孜格萨尔机场	未见	/
	甘孜康定机场	未见	/
6 次	拉萨贡嘎机场	未见	/
	日喀则和平机场	30 只（1 次）	高
4 次	昌都邦达机场	未见	/
	林芝米林机场	未见	/
	阿里昆莎机场	未见	/

雕属

金雕 **Golden Eagle** *Aquila chrysaetos*　　　　　　　　国家一级；LC（无危）

成鸟

鉴别特征：体羽暗褐色，头顶后部、枕和后颈羽毛呈金黄色。尾较长而圆，灰褐色，具黑色横斑和端斑。跗跖被羽。亚成鸟尾羽白色，具宽阔的黑色端斑，飞羽基部亦为白色。

体型：体长♂ 78.5~91.2 cm，♀ 82.5~101.5 cm；体重♂ 2000~5900 g，♀ 3260~5500 g。

生态习性：栖息于高山草原、荒漠、河谷和森林地带。通常单独或成对活动。飞行迅速，两翅上举成"V"字形。其他时候则多栖息于高山岩石或空旷地区的大树顶梢上。

生长繁殖：繁殖期 3—5 月。通常营巢于针叶林、针阔混交林中，巢呈盘状，主要由枯树枝堆集而成，内垫树枝、树叶、羽毛等。喜欢利用旧巢。窝卵数通常 2 枚。卵脏白色或青灰白色，具红褐色斑点和斑纹。

调查次数	机场名称	只数（调查到的次数）	鸟击风险
8次	稻城亚丁机场	未见	/
	甘孜格萨尔机场	未见	/
	甘孜康定机场	1只（1次）	高
6次	拉萨贡嘎机场	未见	/
	日喀则和平机场	未见	/
4次	昌都邦达机场	1只（1次）	高
	林芝米林机场	未见	/
	阿里昆莎机场	未见	/

雀鹰 **Eurasian Sparrow Hawk** *Accipiter nisus* 国家二级；LC（无危）

成鸟 / 熊昊洋

幼鸟 / 熊昊洋

鉴别特征：雌鸟较雄鸟体型略大，翅阔而圆，尾较长。雄鸟上体暗灰色，雌鸟灰褐色。雌雄鸟下体均为淡灰白色，雄鸟具红褐色横斑，雌鸟具褐色横斑。

体型：体长♂ 31.0~35.0 cm，♀ 36.0~41.0 cm；体重♂ 130~170g，♀ 193~300 g。

生态习性：栖息于山地森林和林缘地带，冬季主要栖息于低山丘陵、山脚平原、农田地边和村屯附近，尤其喜欢在林缘、河谷、农田附近的森林地带活动。常单独生活。飞行有力而灵巧，能巧妙地在树丛间穿行飞翔。

生长繁殖：繁殖期5—7月。营巢于森林中的树上，有时也利用其他鸟类的旧巢经补充和修理而成。巢区和巢均较固定，会多年利用。巢呈碟形，主要由枯树枝构成，内垫树叶。窝卵数3~4枚。卵鸭蛋清色，光滑无斑。

调查次数	机场名称	只数（调查到的次数）	鸟击风险
8次	稻城亚丁机场	未见	/
	甘孜格萨尔机场	未见	/
	甘孜康定机场	未见	/
6次	拉萨贡嘎机场	未见	/
	日喀则和平机场	未见	/
4次	昌都邦达机场	未见	/
	林芝米林机场	1只（1次）	中
	阿里昆莎机场	未见	/

鹞属

青藏高原机场鸟种识别

白尾鹞 **Hen Harrier** *Circus cyaneus*　　　　　　　　国家二级；LC（无危）

成鸟♂ / 熊昊洋

鉴别特征：大型的灰褐色鹞。雄鸟背、头、胸珠灰色，翅尖黑色，尾上覆羽及腹、两胁、翅下覆羽均为白色。飞翔时，黑白对比十分明显。雌鸟上体暗褐色，尾上覆羽白色，下体棕黄褐色，杂以粗的暗棕褐色纵纹。

体型：体长♂ 45.0~49.0 cm，♀ 44.7~53.0 cm；体重♂ 310~600g，♀ 320~530 g。

生态习性：栖息于平原和低山丘陵地带。常沿地面低空飞行，缓慢移动，并不时地抖动两翅。有时又栖于地上不动，注视草丛中猎物的活动。

生长繁殖：繁殖期4—7月。繁殖前期常见在空中成对飞行，彼此相互追逐。营巢于芦苇丛或灌草丛中。巢主要由枯芦苇、蒲草、细枝构成，呈浅盘状。窝卵数4~5枚。卵淡绿色或白色，具红褐色斑点。

调查次数	机场名称	只数（调查到的次数）	鸟击风险
8次	稻城亚丁机场	1只（1次）	中
	甘孜格萨尔机场	未见	/
	甘孜康定机场	未见	/
6次	拉萨贡嘎机场	未见	/
	日喀则和平机场	未见	/
4次	昌都邦达机场	未见	/
	林芝米林机场	未见	/
	阿里昆莎机场	未见	/

82

　　　　　　　成鸟♀/王似奇　　　　　　　　　　　　　　　成鸟♂/王似奇

　　鉴别特征：雄鸟头、颈、背和胸均为黑色，尾上覆羽白色，尾灰色。翅上有白斑，下胸至尾下覆羽以及腋羽白色。飞翔时，黑、白、灰三色的对比极为明显。雌鸟上体暗褐色，下体白色而杂有黑褐色纵纹。

　　体型：体长♂ 42.0~48.0 cm，♀ 43.0~47.5 cm；体重♂ 250~346 g，♀ 310~380 g。

　　生态习性：栖息和活动于开阔的低山丘陵和山脚平原。常单独活动，多低空飞行。飞行时两翅上举成"V"字形，翅膀会不动地滑翔在空中，并不时地抖动两翅和身体。

　　生长繁殖：繁殖期5—7月。繁殖期前成对在空中进行求偶飞翔，5月初开始营巢。巢多置于疏林中的灌丛草甸，呈浅盘状，由干草茎和草叶构成。如无干扰，巢可多年使用。窝卵数4~5枚。卵乳白色或淡绿色，偶尔带褐色斑点。雌雄亲鸟轮流孵卵，以雌鸟为主，若雌鸟死亡，雄鸟则会承担起全部的孵卵任务，孵化期约30天。

调查次数	机场名称	只数（调查到的次数）	鸟击风险
8次	稻城亚丁机场	未见	/
	甘孜格萨尔机场	1只（1次）	中
	甘孜康定机场	未见	/
6次	拉萨贡嘎机场	未见	/
	日喀则和平机场	未见	/
4次	昌都邦达机场	未见	/
	林芝米林机场	未见	/
	阿里昆莎机场	未见	/

鸢属

黑鸢 **Black Kite** *Milvus migrans* | 国家二级；LC（无危）

成鸟

鉴别特征：上体暗褐色，下体棕褐色，均具黑褐色纹。尾较长，呈叉状。飞翔时翼下左右各有一块大的白斑。

体型：体长 ♂ 54.0~66.0 cm，♀ 55.0~68.0 cm；体重 ♂ 1015~1150 g，♀ 900~1160 g。

生态习性：栖息于开阔的平原和低山丘陵地带，也常在人类聚集区活动。常单独活动，迁徙季有时亦呈十余只的大群一起活动。边飞边鸣，鸣声尖锐，很远即能听到。

生长繁殖：繁殖期 4—7 月。营巢于高大乔木，也营巢于悬岩峭壁上。巢呈浅盘状，主要由干树枝构成，结构较为松散，内垫枯草、纸屑、破布、羽毛等柔软物。窝卵数 2~3 枚。卵污白色，微缀血红色点斑。

调查次数	机场名称	只数（调查到的次数）	鸟击风险
8 次	稻城亚丁机场	未见	/
	甘孜格萨尔机场	2 只（1 次）	中
	甘孜康定机场	未见	/
6 次	拉萨贡嘎机场	未见	/
	日喀则和平机场	未见	/
4 次	昌都邦达机场	未见	/
	林芝米林机场	未见	/
	阿里昆莎机场	未见	/

大鵟 **Upland Buzzard** *Buteo hemilasius*　　　　　　　国家二级；LC（无危）

成鸟　　　　　　　　　　　　　　　　　　　成鸟

鉴别特征：羽色变化较大，上体通常为暗褐色，下体白色至棕黄色，具暗色斑纹。或全身皆为暗褐色或黑褐色。尾具若干暗色横斑，跗跖部分被羽。

体型：体长♂ 58.2~62.2 cm，♀ 56.9~67.6 cm；体重♂ 1320~1800 g，♀ 1950~2100 g。

生态习性：栖息于山地和平原地区，也出现在高山林缘与荒漠地带，海拔 4000 m 以上也见其活动。常单独或成小群活动。飞翔时振翅频率较低。

生长繁殖：繁殖期 5—7 月。通常营巢于悬岩峭壁或树上，巢附近多有小的灌木隐蔽。巢呈盘状，可多年利用，但每年都会补充巢材。巢主要由干树枝构成，内垫干草和羽毛。窝卵数 2~4 枚。卵淡赭黄色，具红褐色和鼠灰色斑。

调查次数	机场名称	只数（调查到的次数）	鸟击风险
8 次	稻城亚丁机场	未见	/
	甘孜格萨尔机场	1 只（1 次）	中
	甘孜康定机场	未见	/
6 次	拉萨贡嘎机场	未见	/
	日喀则和平机场	未见	/
4 次	昌都邦达机场	1 只（1 次）	中
	林芝米林机场	未见	/
	阿里昆莎机场	未见	/

成鸟 / 熊昊洋　　　　　　　　　　　　　　　　　　成鸟

鉴别特征：羽色变化较大，上体主要为暗褐色，下体主要为淡褐色，具深棕色横斑或纵纹。尾淡灰褐色，具多道暗色横斑。翼下可见深色的块状腕斑。

体型：体长♂ 50.0~59.0 cm，♀ 48.2~56.0 cm；体重♂ 575~950 g，♀ 750~1073 g。

生态习性：繁殖期间主要栖息于森林和林缘地带，秋冬季节则多出现在低山丘陵和山脚平原。多单独活动，有时亦见 2~4 只的小群。善飞翔，每天大部分时间都在空中盘旋滑翔，宽阔的两翅左右伸开，并稍向上抬起成浅"V"字形。

生长繁殖：繁殖期 5—7 月。通常营巢于高大乔木，也有的个体营巢于悬岩上，有时还会侵占乌鸦的巢。巢结构比较简单，主要由枯树枝堆集而成，里面垫有松针、细枝条、枯叶以及羽毛等。窝卵数 2~3 枚。卵青白色，通常具栗褐色斑点和斑纹。

调查次数	机场名称	只数（调查到的次数）	鸟击风险
8 次	稻城亚丁机场	未见	/
	甘孜格萨尔机场	4 只（3 次）	中
	甘孜康定机场	未见	/
6 次	拉萨贡嘎机场	1 只（1 次）	中
	日喀则和平机场	未见	/
4 次	昌都邦达机场	1 只（1 次）	中
	林芝米林机场	未见	/
	阿里昆莎机场	未见	/

成鸟 / 李昊

鉴别特征：羽色变化较大。深色型上体深红褐色，尾上覆羽具细横纹，下体红褐色。浅色型上体棕色，下体白色并具红褐色斑。飞行时可见翼下黑色腕斑，后翼缘和翼尖均为黑色，近白色的尾部几乎无横斑。

体型：体长 45~55 cm；体重约 760 g。

生态习性：栖息于山地森林和山脚平原地带，亦见于高山林缘和开阔的山地草原与荒漠地带，冬季常至旷野、农田、荒地、村庄等地活动。常单独或成对活动，迁徙时集群。主要在白天活动觅食，休息时常站在树顶、草垛、电线杆上。觅食时常在空中盘旋或悬停。

生长繁殖：未见相关研究。

调查次数	机场名称	只数（调查到的次数）	鸟击风险
8 次	稻城亚丁机场	未见	/
	甘孜格萨尔机场	1 只（1 次）	中
	甘孜康定机场	未见	/
6 次	拉萨贡嘎机场	1 只（1 次）	中
	日喀则和平机场	未见	/
4 次	昌都邦达机场	1 只（1 次）	中
	林芝米林机场	未见	/
	阿里昆莎机场	未见	/

犀鸟目

Bucerotiformes

戴胜科
Upupidae

中型鸟类。嘴细长而下弯,头顶具直立而呈扇形的冠羽。翅短圆,方尾。

戴胜科鸟类主要栖息于开阔的农田、旷野和林缘地带。飞翔时两翼鼓动缓慢,微成波浪状。主要以各种昆虫为食。营巢于各种洞穴之中。雏鸟晚成性。

戴胜科鸟类喜单独或成小群活动,飞行高度不高。综合评价其鸟击风险为"低",无需额外关注。

共记录 1 属 1 种。

戴胜 *Upupa epops*

戴胜 **Eurasian Hoopoe** *Upupa epops*　　　　　　　　三有动物：LC（无危）

成鸟

鉴别特征：嘴细长而微向下弯曲。头上具长的扇形羽冠，具黑色端斑和白色次端斑，在头上极为醒目。翅宽圆，具粗著的黑白相间横斑。

体型：体长 ♂ 26.6~31.2 cm，♀ 24.5~30.0 cm；体重 ♂ 53~81 g，♀ 55~90 g。

生态习性：栖息于开阔地区，尤其以林缘耕地生境较为常见。冬季主要在山脚平原等低海拔地方活动，夏季可上到海拔 3000 m 的高海拔地区。多单独或成对活动，常在地面慢步行走，边走边觅食。飞行时两翅扇动缓慢，呈一起一伏的波浪式前进。受惊时，羽冠立起，起飞后放平。

生长繁殖：繁殖期 4—6 月。有时见雄鸟间的争雌现象。通常营巢于林缘或林中道路两旁的天然树洞或啄木鸟的弃洞。巢由植物茎叶构成，时杂有植物根、羽毛和毛发。窝卵数 6~8 枚。卵浅鸭蛋青色或淡灰褐色。

调查次数	机场名称	只数（调查到的次数）	鸟击风险
8 次	稻城亚丁机场	7 只（2 次）	低
	甘孜格萨尔机场	26 只（5 次）	低
	甘孜康定机场	未见	/
6 次	拉萨贡嘎机场	187 只（6 次）	低
	日喀则和平机场	115 只（6 次）	低
4 次	昌都邦达机场	2 只（2 次）	低
	林芝米林机场	14 只（2 次）	低
	阿里昆莎机场	38 只（2 次）	低

青藏高原机场鸟种识别

佛法僧目

Coraciiformes

翠鸟科
Alcedinidae

中小型、羽色艳丽的鸟类。头大，颈短。嘴粗壮而长直，先端尖。翼和尾较短圆。

翠鸟科鸟类多为林栖和水栖，林栖者主要栖息于森林中，水栖者主要栖息于河、湖等水域旁的岸边。主要以鱼虾为食。营巢于土洞和树洞中。雏鸟晚成性。

翠鸟科鸟类活动高度依赖于水域地带，飞行高度低，且无集群习性。综合评价其鸟击风险为"低"，无需额外关注。

共记录 1 属 1 种。

普通翠鸟 *Alcedo atthis*

普通翠鸟 **Common Kingfisher** *Alcedo atthis*   三有动物；LC（无危）

成鸟♀

鉴别特征：头部具橙色贯眼纹和耳羽。上体浅蓝绿色，泛金属光泽，颈侧具白色点斑。下体橙棕色，颏部白色。雌鸟上体羽色较雄鸟稍淡，多蓝色，少绿色；头顶不为绿黑色而呈灰蓝色；胸、腹棕红色，较雄鸟为淡。

体型：体长♂ 15.3~17.5 cm，♀ 15.9~17.5 cm；体重♂ 24~32 g，♀ 23~36 g。

生态习性：主要栖息于林区溪流、平原河谷、水库、水塘，甚至水田岸边。常单独活动，一般多停息在河边树桩和岩石上。有时亦鼓动两翼悬浮于空中，低头注视水面，见有食物会立即直扎入水中。有时也沿水面低空直线飞行，飞行速度快。

生长繁殖：繁殖期5—8月。通常营巢于水域岸边或附近陡直的土岩或沙岩壁上。掘洞为巢洞圆形，呈隧道状，巢穴内无任何内垫物，仅有些松软的沙土。窝卵数5~7枚。卵白色，光滑无斑。雌雄亲鸟轮流孵卵。

调查次数	机场名称	只数（调查到的次数）	鸟击风险
8次	稻城亚丁机场	未见	/
	甘孜格萨尔机场	未见	/
	甘孜康定机场	未见	/
6次	拉萨贡嘎机场	未见	/
	日喀则和平机场	未见	/
4次	昌都邦达机场	未见	/
	林芝米林机场	1只（1次）	低
	阿里昆莎机场	未见	/

隼形目

Falconiformes

隼科
Falconidae

中小型的猛禽。喙短而粗壮，尖端钩曲。鼻孔圆形，中间有柱状物。两翼长而尖似镰刀。尾较长，多为圆尾和凸尾。

隼科鸟类主要栖息于开阔旷野、耕地、疏林和林缘地区。飞行速度极快，既能在地上捕食，也能在空中飞翔捕食。食物主要为小型鸟类、啮齿动物以及昆虫。营巢于树洞或岩穴中，有的种类会侵占其他鸟类的巢。

隼科鸟类喜高空盘旋，部分种类还会高空悬停，且飞行速度极快。综合评价其鸟击风险为"高"，需要重点关注其活动动态。

共记录 1 属 2 种。

红隼 *Falco tinnunculus*

红隼 **Common Kestrel** *Falco tinnunculus*　　　　　　　　国家二级；LC（无危）

成鸟♀　　　　　　　　　　　　　　　　　　成鸟♀ / 汪乐

　　鉴别特征：雄鸟头顶及颈背灰色，尾蓝灰无横斑，上体赤褐色略具黑色横斑，下体皮黄而具黑色纵纹。雌鸟体型略大，上体全褐色，比雄鸟少赤褐色而多粗横斑。

　　体型：体长♂ 31.6~34.0 cm，♀ 30.5~36.0 cm；体重♂ 173~240 g，♀ 180~335 g。

　　生态习性：栖息于森林、草原、丘陵、农田耕地和村屯附近等各类生境中，尤喜林缘、林间空地、疏林和开阔的旷野河谷和农田地区。飞翔时两翅快速扇动，偶尔进行短暂的滑翔。休息时多栖于空旷地区孤立的高树梢上或电线杆上。

　　生长繁殖：繁殖期5—7月，通常营巢于悬崖、山坡岩石缝隙以及其他鸟类的旧巢中。巢较简陋，由枯枝构成，内垫草茎、落叶和羽毛。窝卵数4~5枚。如果巢卵被破坏，通常会产补偿性的一窝，但窝卵数会明显减少。卵白色，具红褐色斑。孵卵主要由雌鸟承担，雄鸟偶尔替换雌鸟进行孵卵。

调查次数	机场名称	只数（调查到的次数）	鸟击风险
8次	稻城亚丁机场	7只（4次）	高
	甘孜格萨尔机场	7只（4次）	高
	甘孜康定机场	4只（2次）	高
6次	拉萨贡嘎机场	2只（2次）	高
	日喀则和平机场	7只（3次）	高
4次	昌都邦达机场	未见	/
	林芝米林机场	2只（1次）	高
	阿里昆莎机场	1只（1次）	高

青藏高原机场
鸟类识别与防控

青藏高原机场鸟种识别

成鸟♂ / 周华明

鉴别特征：雄鸟上体淡蓝灰色，具黑色纵纹。尾具宽阔的黑色亚端斑和窄的白色端斑。颊、喉白色，其余下体淡棕色，具粗著的棕褐色纵纹。雌鸟上体褐色，具淡色羽缘。腰、尾上覆羽和尾羽灰色。下体白色，胸以下具栗棕色纵纹。

体型：体长♂ 27.0~30.5 cm，♀ 27.7~31.5 cm；体重♂ 122~185 g，♀ 155~205 g。

生态习性：栖息于开阔的低山丘陵、山脚平原、森林平原、海岸和森林苔原地带。冬季和迁徙季节也见于荒山河谷、平原旷野、草原灌丛和开阔的农田草坡地区。常单独活动。

生长繁殖：繁殖期5—7月。通常营巢于树上或悬崖岩石上，偶尔也在地上营巢。有时利用其他鸟类旧巢。窝卵数3~4枚。卵砖红色，具暗红褐色斑点。雌雄亲鸟轮流孵卵。

调查次数	机场名称	只数（调查到的次数）	鸟击风险
8次	稻城亚丁机场	未见	/
	甘孜格萨尔机场	未见	/
	甘孜康定机场	未见	/
6次	拉萨贡嘎机场	未见	/
	日喀则和平机场	未见	/
4次	昌都邦达机场	未见	/
	林芝米林机场	1只（1次）	高
	阿里昆莎机场	未见	/

鹦形目

Psittaciformes

鹦鹉科
Psittacidae

中小型的攀禽。喙部短厚而强,上嘴钩曲,舌肉质而柔软。翅形尖。对趾型,适于攀爬。体羽较为艳丽。

鹦鹉科鸟类主要栖息于热带和亚热带森林。常成群生活。叫声嘈杂粗厉,驯化后能模仿人语和其他鸟鸣。通常营巢于树洞和石隙中。

鹦鹉科鸟类喜集大群生活,但高度依赖于森林生境,且飞行高度不高。综合评价其鸟击风险为"中",需要额外关注。

共记录 1 属 1 种。

大紫胸鹦鹉 *Psittacula derbiana* / 熊昊洋

青藏高原机场
鸟类识别与防控

青藏高原机场鸟种识别

96

鹦鹉属

大紫胸鹦鹉 **Derbyan Parakeet** *Psittacula derbiana*　　　　国家二级；NT（近危）

成鸟♂（右）♀（左）

鉴别特征： 嘴红色，头、颈葡萄蓝色。眼周缀有绿色，额部有一窄的黑带，从两侧沿眼先到眼。下嘴两侧有一大形黑斑往后斜伸至颈侧。上体辉绿色，颊黑色，下体葡萄紫色。雌鸟和雄鸟相似，但中央尾羽较短，额无蓝色，耳覆羽后具褐粉红色带斑。

体型： 体长♂ 43.2~50.0 cm，♀ 35.0~47.3 cm；体重♂ 210~290 g，♀ 204~290 g。

生态习性： 栖息于海拔 4000 m 以下的山地阔叶林、混交林和针叶林中，尤其以海拔 2000~3000 m 的阔叶林和混交林较常见。常成 30~50 只的大群活动。飞行急速，边飞边发出粗厉而嘈杂的叫声。

生长繁殖： 繁殖期 5—7 月。未见有其他繁殖资料。

调查次数	机场名称	只数（调查到的次数）	鸟击风险
8 次	稻城亚丁机场	未见	/
	甘孜格萨尔机场	未见	/
	甘孜康定机场	未见	/
6 次	拉萨贡嘎机场	未见	/
	日喀则和平机场	未见	/
4 次	昌都邦达机场	未见	/
	林芝米林机场	36 只（2 次）	中
	阿里昆莎机场	未见	/

雀形目

Passeriformes

山椒鸟科
Campephagidae

中型的树栖性食虫鸟类，包括各种山椒鸟和鹃鵙。喙部短而粗壮，部分种类具有类似伯劳科鸟类的钩状喙。翅稍尖长，腿细弱。

山椒鸟科鸟类主要栖息在山地森林中。多数种类喜集群，栖于树冠层。常一起鸣叫，甚嘈杂。主要以昆虫为食，也吃植物果实和种子。营巢于树上，巢呈杯状。

山椒鸟科鸟类喜集大群生活，并喜欢整天在一片区域内到处游荡，飞行高度适中，易与飞行器相撞。综合评价其鸟击风险为"中"，需要额外关注。

共记录 1 属 3 种。

长尾山椒鸟 *Pericrocotus ethologus* / 熊昊洋

山椒鸟属

灰喉山椒鸟 **Grey-chinned Minivet** *Pericrocotus solaris*　　　　　三有动物；LC（无危）

成鸟♂ / 王似奇　　　　　　　　　　　　　　　　　　　　成鸟♀ / 王似奇

鉴别特征：雄鸟与其他山椒鸟区别为喉和耳羽暗深灰色，雌鸟的额和耳羽少黄色。

体型：体长♂ 16.5~19.0 cm，♀ 16.1~19.5 cm；体重♂ 12~20 g，♀ 13~21 g。

生态习性：主要栖息于山地森林中，有时可到海拔 3000 m 左右。常成小群活动，有时亦与其他山椒鸟混杂在一起。性活泼，常边飞边叫，叫声尖细。喜欢在疏林和林缘地带的乔木上活动，觅食也多在树上，很少到地上活动。

生长繁殖：繁殖期 5—6 月。繁殖于海拔 2000~3000 m 的高山森林中。巢呈浅杯状，较为精巧细致，主要以苔藓、枯草茎、草叶、松针、纤维等柔软物质构成，巢外壁还装饰有苔藓、地衣。巢多置于树侧枝上或枝杈间。窝卵数 3~4 枚。卵天蓝色或淡绿色，被褐色、紫色、淡棕红色、褐灰色或紫灰色斑点或斑纹。

调查次数	机场名称	只数（调查到的次数）	鸟击风险
8 次	稻城亚丁机场	未见	/
	甘孜格萨尔机场	未见	/
	甘孜康定机场	未见	/
6 次	拉萨贡嘎机场	未见	/
	日喀则和平机场	未见	/
4 次	昌都邦达机场	未见	/
	林芝米林机场	4 只（1 次）	中
	阿里昆莎机场	未见	/

成鸟♂ 　　　　　　　　　　　　　　　　　　　　　　　成鸟♀

鉴别特征：翅上两道翼斑汇聚，雄鸟头部全黑，雌鸟额基具黄色。

体型：体长♂ 17.0~20.3 cm，♀ 17.6~20.0 cm；体重♂ 15~25 g，♀ 13~21 g。

生态习性：主要栖息于山地森林中，也出入于林缘次生林和杂木林，尤其喜欢栖息在疏林草坡的乔木树顶。冬季常到山麓和平原地带疏林内。常成群活动。叫声尖锐单调，常边飞边叫。如一群中有一只鸟离开群体飞到另一棵树时，其余鸟亦随之飞去。觅食在树上，很少下到地上或低矮的灌丛中，偶尔在空中捕捉昆虫。

生长繁殖：繁殖期5—7月。通常营巢于海拔1000~2500 m的森林乔木树上。巢呈杯状，结构甚为精致，多置于水平枝杈上。巢材主要为细的草茎、草根、植物纤维等一些柔软物质，巢外壁还用蛛网固定一些苔藓和地衣，使巢和树枝颜色协调一致。窝卵数2~4枚。卵乳白色或淡绿色，具褐色和淡灰色斑点和斑纹。

调查次数	机场名称	只数（调查到的次数）	鸟击风险
8次	稻城亚丁机场	未见	/
	甘孜格萨尔机场	未见	/
	甘孜康定机场	未见	/
6次	拉萨贡嘎机场	未见	/
	日喀则和平机场	未见	/
4次	昌都邦达机场	未见	/
	林芝米林机场	18只（1次）	中
	阿里昆莎机场	未见	/

成鸟♀ / 熊昊洋　　　　　　　　　　成鸟♂ / 周华明

鉴别特征：雄鸟头部和背亮黑色，翅黑色，具一大一小两道朱红色翼斑。雌鸟额、头顶前部、颊、耳羽和整个下体均为黄色，腰和尾上覆羽亦为黄色。

体型：体长♂ 17.6~22.5 cm，♀ 18.2~22.5 cm；体重♂ 22~37 g，♀ 20~37 g。

生态习性：主要栖息于海拔 2000 m 以下的山地森林中。除繁殖期成对活动外，其他时候成群活动，冬季有时集成数十只的大群，有时亦见与其他山椒鸟混群活动。性活泼，常成群在树冠层活动，很少停栖。觅食在树冠层上，也在空中飞翔捕食。

生长繁殖：繁殖期 5—7 月。通常营巢于茂密森林中的乔木上。巢呈浅杯状，主要由细草茎、细草根、松针等材料构成，外壁还有蛛网以及一些苔藓和地衣，这样使巢的颜色与营巢的树干一致。窝卵数 2~4 枚。卵天蓝色或海绿色，具暗褐色斑点。

调查次数	机场名称	只数（调查到的次数）	鸟击风险
8 次	稻城亚丁机场	未见	/
	甘孜格萨尔机场	未见	/
	甘孜康定机场	未见	/
6 次	拉萨贡嘎机场	未见	/
	日喀则和平机场	未见	/
4 次	昌都邦达机场	未见	/
	林芝米林机场	8 只（1 次）	中
	阿里昆莎机场	未见	/

伯劳科
Laniidae

　　中型强壮的肉食性鸟类。头大，喙部强劲有力，端部具弯钩。多数种类具明显的黑色贯眼纹。幼鸟体羽多具鳞状纹。

　　伯劳科鸟类主要栖息于低山丘陵和山脚平原等开阔地带的林缘地带以及灌丛中。性凶猛，常栖息于树木顶端、灌木枝或电线上等待猎物。主要以大型昆虫和小型脊椎动物为食，有把猎物插于树棘撕食的习性。主要营巢于树上或灌丛中，巢呈杯状或者碗状。

　　伯劳科鸟类喜单独活动，飞行较少且飞行高度较低。综合评价其鸟击风险为"低"，无需特别关注。

　　共记录1属4种。

红尾伯劳 *Lanius cristatus*

青藏高原机场鸟种识别

伯劳属

红尾伯劳 **Brown Shrike** *Lanius cristatus* 三有动物；LC（无危）

成鸟♂

鉴别特征：上体棕褐色。两翅黑褐色。颏、喉以及颊白色，其余下体棕白色。尾羽棕褐色，尾呈楔形。雌鸟与雄鸟类似，但羽色苍淡，贯眼纹黑褐色。

体型：体长♂ 17.0~20.8 cm，♀ 17.5~20.4 cm；体重♂ 23~37 g，♀ 28~44 g。

生态习性：主要栖息于低山丘陵和山脚平原地带的灌丛、疏林和林缘地带。单独或成对活动。有时站在高处显眼的位置静静注视着四周等待猎物。繁殖期则常站在小树顶端高声鸣叫，有时边鸣叫边突然飞上空中，快速扇动翅膀后又飞回枝头。

生长繁殖：繁殖期5—7月。营巢于林中或灌丛中，雌雄亲鸟共同营巢。巢呈杯状，巢材以莎草、苔草、蒿草等枯草茎叶为主，偶尔混杂小树枝，巢内垫细草、植物纤维和羽毛等。窝卵数5~7枚，偶尔有多至8枚的。卵乳白色或灰色，具大小不一的黄褐色斑点。

调查次数	机场名称	只数（调查到的次数）	鸟击风险
8次	稻城亚丁机场	未见	/
	甘孜格萨尔机场	未见	/
	甘孜康定机场	未见	/
6次	拉萨贡嘎机场	未见	/
	日喀则和平机场	1只（1次）	低
4次	昌都邦达机场	未见	/
	林芝米林机场	未见	/
	阿里昆莎机场	未见	/

成鸟   成鸟

鉴别特征：头顶灰色或灰黑色，上背及腰部棕红色。两翅黑色，具白色翼斑。颏、喉、胸及腹部中央地区白色，两胁棕红色。尾长呈黑色。

体型：体长♂ 21.9~28.1 cm，♀ 22.0~27.4 cm；体重♂ 42~72 g，♀ 46~111 g。

生态习性：主要栖息于低山丘陵和山脚平原地带，夏季可上到海拔 2000 m 左右的林缘地带。除繁殖期成对活动外，多单独活动。可以模仿其他鸟类的鸣叫声。领域性极强，会驱赶外来入侵者。见人或情绪激动时，会不停地摆动尾巴。

生长繁殖：繁殖期 4—7 月。4 月初雄鸟即开始占领巢域，站在巢域中树的顶枝上鸣叫。雌雄亲鸟共同营巢，巢呈碗状或者杯状，巢材主要由细枝、枯草茎以及树叶构成，内垫草茎。窝卵数 3~6 枚。卵颜色变化大，有淡青色、乳白色、粉红色或淡绿灰色等，具大小不一的红褐色斑点。雌鸟负责孵卵，雄鸟承担警戒任务并觅食饲喂雌鸟。幼鸟出巢后会一直在巢域中活动 1~2 个月，然后才会离开巢域。

调查次数	机场名称	只数（调查到的次数）	鸟击风险
8 次	稻城亚丁机场	2 只（1 次）	低
	甘孜格萨尔机场	未见	/
	甘孜康定机场	1 只（1 次）	低
6 次	拉萨贡嘎机场	未见	/
	日喀则和平机场	未见	/
4 次	昌都邦达机场	未见	/
	林芝米林机场	未见	/
	阿里昆莎机场	未见	/

成鸟

鉴别特征：头顶至下背暗灰色，腰及尾上覆羽棕色。两翼黑褐色，翼上的白斑或小或无。下体白色，两胁和尾下覆羽棕色。

体型：体长♂ 20.4~24.5 cm，♀ 21.3~23.1 cm；体重♂ 40~52 g，♀ 40~54 g。

生态习性：主要栖息于低山次生阔叶林和混交林的林缘地带。成对或单独活动。垂直迁徙现象明显，夏季通常上到海拔2500~4000 m的地区，冬季则会下到低山和山脚游荡。

生长繁殖：繁殖期5—7月。营巢于小树或灌木中，距地高 1.5~6.0 m。巢为碗状，通常由枯草、叶子、草根以及树枝构成，内部混有棉花和毛发。巢内垫有兽毛，也有无任何内垫的。窝卵数 4~6 枚，灰白色，具褐色和紫色斑。

调查次数	机场名称	只数（调查到的次数）	鸟击风险
8 次	稻城亚丁机场	29 只（4 次）	低
	甘孜格萨尔机场	91 只（4 次）	低
	甘孜康定机场	9 只（4 次）	低
6 次	拉萨贡嘎机场	171 只（5 次）	低
	日喀则和平机场	108 只（6 次）	低
4 次	昌都邦达机场	1 只（1 次）	低
	林芝米林机场	64 只（3 次）	低
	阿里昆莎机场	未见	/

楔尾伯劳 Chinese Gray Shrike *Lanius sphenocercus*   三有动物；LC（无危）

成鸟   成鸟

　　鉴别特征：头顶至下背浅灰色。两翅黑色，具宽阔的白色翼斑。下体近乎白色。尾黑色，呈楔形，外侧尾羽白色。

　　体型：体长♂ 24.5~31.0 cm，♀ 27.7~29.5 cm；体重♂ 88~104 g，♀ 75~92 g。

　　生态习性：主要栖息于林木和植物稀少的开阔地区，尤以稀疏灌木或灌丛生长的平原湖泊或溪流旁较常见。成对或单独活动，偶尔见成3~5只的小群。性活泼，有时不停在树枝和灌丛间跳来跳去，有时则静静地站在显眼的高处等待猎物。飞行速度较快，姿态凶猛。

　　生长繁殖：繁殖期5—7月。营巢于林缘疏林和有稀疏树木生长的灌丛草地的树中，距地高 1.3~4.5 m。巢为杯状，巢材主要有枯榆树枝、麻秆、蒿秆、细树根、枯草、树叶、花序等，内垫细草茎、兽毛和鸟羽。窝卵数 5~7 枚。卵白色或灰白色，具锈褐色块状斑点及条纹。

调查次数	机场名称	只数（调查到的次数）	鸟击风险
8次	稻城亚丁机场	未见	/
	甘孜格萨尔机场	1只（1次）	低
	甘孜康定机场	未见	/
6次	拉萨贡嘎机场	1只（1次）	低
	日喀则和平机场	未见	/
4次	昌都邦达机场	未见	/
	林芝米林机场	未见	/
	阿里昆莎机场	未见	/

青藏高原机场鸟类识别与防控

105

青藏高原机场鸟种识别

鸦科
Corvidae

雀形目中体型较大的鸟类，包括各种鸦、鹊等。喙部粗壮，呈圆锥形，喙长几乎与头部等长。脚粗壮且强健。

鸦科鸟类主要栖息于山地、森林和平原等各类生境中。智商极高，能适应各种环境。杂食性，以昆虫、果实、小型脊椎动物和动物尸体为食。主要营巢于树上。

鸦科鸟类部分种类喜集大群活动（如达乌里寒鸦），还有种类喜欢单独活动（如松鸦），此外不同种类调查到的数量也存在显著差异。综合评价其鸟击风险为"低"至"高"，对于集群较大的物种应采取相应的行动进行及时驱离。

共记录 5 属 9 种。

大嘴乌鸦 *Corvus macrorhynchos*

松鸦属

松鸦 **Eurasian Jay** *Garrulus glandarius*   三有动物；LC（无危）

成鸟   成鸟

鉴别特征：具特征性黑蓝色的镶嵌翼斑。头顶有羽冠，遇刺激时能够竖直起来。口角至喉侧有一明显的的黑色颊纹。上体葡萄棕色，尾上覆羽白色，尾和翅黑。

体型：体长♂ 30.0~36.0 cm，♀ 30.0~35.0 cm；体重♂ 135~175 g，♀ 120~190 g。

生态习性：常年栖息在森林中。繁殖期多见成对活动，其他季节多集成 3~5 只的小群四处游荡。栖息在树顶上，多躲藏在树叶丛中。

生长繁殖：繁殖期 4—7 月。多营巢于山地溪流和河岸附近的针叶林或针阔叶混交林中，也会在稠密的阔叶林中营巢。通常营巢于高大乔木顶端较为隐蔽的枝杈处。巢呈杯状，主要由枯枝、枯草、细根和苔藓等材料构成，内垫细草根和羽毛。窝卵数 3~10 枚。卵灰蓝色、绿色或灰黄色，具紫褐、灰褐或黄褐色斑点。

调查次数	机场名称	只数（调查到的次数）	鸟击风险
8 次	稻城亚丁机场	未见	/
	甘孜格萨尔机场	未见	/
	甘孜康定机场	未见	/
6 次	拉萨贡嘎机场	未见	/
	日喀则和平机场	未见	/
4 次	昌都邦达机场	未见	/
	林芝米林机场	9 只（2 次）	低
	阿里昆莎机场	未见	/

鹊属

青藏喜鹊 **Black-rumped Magpie** *Pica bottanensis*　　　　三有动物；LC（无危）

成鸟

鉴别特征：原喜鹊在青藏高原地区的亚种，体型较喜鹊大，腰部为黑色。头、颈、胸和上体黑色，腹白色。飞羽和尾羽具蓝绿色的金属光泽，翅上有一明显的白色翼斑。

体型：体长 ♂ 36.5~48.5 cm，♀ 38.0~46.0 cm；体重 ♂ 190~266 g，♀ 180~250 g。

生态习性：主要栖息于人类居住环境附近。除繁殖期成对活动外，常成 3~5 只的小群活动，秋冬季节常集成数十只的大群。白天常到农田等开阔地区觅食，傍晚飞至附近高大的树上休息，有时亦见与其他鸦科鸟类混群活动。

生长繁殖：巢主要由枯树枝构成，近似球形，有顶盖，外层为枯树枝，间杂杂草和泥土，内层为细的枝条和泥土，内垫柔软物质。窝卵数 5~8 枚。卵浅蓝绿色或灰白色，具褐色或黑色斑点。

调查次数	机场名称	只数（调查到的次数）	鸟击风险
8 次	稻城亚丁机场	123 只（8 次）	中
	甘孜格萨尔机场	111 只（8 次）	中
	甘孜康定机场	50 只（7 次）	中
6 次	拉萨贡嘎机场	23 只（5 次）	中
	日喀则和平机场	25 只（6 次）	中
4 次	昌都邦达机场	未见	/
	林芝米林机场	未见	/
	阿里昆莎机场	未见	/

星鸦属

星鸦 **Spotted Nutcracker** *Nucifraga caryocatactes* 　　　　三有动物；LC（无危）

成鸟 / 周华明

　　鉴别特征：嘴粗直而尖，呈圆锥形。头顶、翅、尾黑褐色。其余体羽主要为暗棕褐色，满具白色斑点。尾具白色端斑。

　　体型：体长 ♂ 30.0~38.0 cm；♀ 28.2~35.0 cm；体重 ♂ 140~200 g，♀ 130~190 g。

　　生态习性：主要栖息于针叶林和针阔叶混交林中。常单独或成对活动，冬季成 3~5 只的小群。有贮藏食物的习性，常将食物埋藏在林下土壤或地被物下。

　　生长繁殖：繁殖期 4—6 月。营巢于针叶林或针阔叶混交林内。巢多筑在针叶树的枝杈上。巢主要由枯枝、草茎、干草叶和松针等材料构成。窝卵数 2~5 枚。卵淡绿色或浅蓝色，具暗色或黄色斑点。

调查次数	机场名称	只数（调查到的次数）	鸟击风险
8 次	稻城亚丁机场	未见	/
	甘孜格萨尔机场	未见	/
	甘孜康定机场	未见	/
6 次	拉萨贡嘎机场	未见	/
	日喀则和平机场	未见	/
4 次	昌都邦达机场	未见	/
	林芝米林机场	12 只（2 次）	低
	阿里昆莎机场	未见	/

青藏高原机场鸟种识别

山鸦属

红嘴山鸦 **Red-billed Chough** *Pyrrhocorax pyrrhocorax*　　　三有动物；LC（无危）

成鸟

鉴别特征：具修长而下弯的亮红色喙部和红色跗跖。通体黑色具蓝色金属光泽。

体型：体长♂ 36.0~47.0 cm，♀ 37.0~42.2 cm；体重♂ 210~485 g，♀ 216~370 g。

生态习性：主要栖息于开阔的低山丘陵和山地，最高可到海拔 4500 m。冬季多下到山脚和平原地带，有时甚至进到农田、村寨和城镇附近。地栖性，常成对或成小群在地上活动和觅食，有时也和喜鹊、寒鸦等其他鸟类混群活动。

生长繁殖：繁殖期 4—7 月。通常营巢于悬崖峭壁上的岩石缝隙、岩洞和岩边往内的凹陷处，也有在屋檐下、梁上和枯井壁凹陷处筑巢的。巢呈碗状，主要由枯枝、草茎、草叶、麦秸等材料构成，内垫兽毛、棉花和枯草。窝卵数 3~6 枚。卵灰绿色、灰黄色或黄白色，具黄褐色、浅紫色或灰蓝色斑点。

调查次数	机场名称	只数（调查到的次数）	鸟击风险
8 次	稻城亚丁机场	387 只（7 次）	中
	甘孜格萨尔机场	390 只（8 次）	中
	甘孜康定机场	172 只（6 次）	中
6 次	拉萨贡嘎机场	10 只（3 次）	低
	日喀则和平机场	11 只（3 次）	低
4 次	昌都邦达机场	63 只（2 次）	中
	林芝米林机场	2 只（2 次）	低
	阿里昆莎机场	2 只（1 次）	低

成鸟 / 熊昊洋

青藏高原机场鸟种识别

鉴别特征：通体黑色，嘴较细而短，为黄色。脚也为黄色。

体型：体长♂ 33.5~42.6 cm，♀ 32.1~37.6 cm；体重♂ 202~254 g，♀ 165~290 g。

生态习性：典型的高山和高原鸟类，主要栖息于海拔 3000~6000 m 的高山灌丛、草地、荒漠等开阔地带，冬季也下到海拔 2000 m 左右的中山地带。常成群活动，有时也见和其他鸦类一起活动。多在高山草地、牧场和农田地区觅食，尤其喜欢在垃圾堆上翻找食物。性胆大而机警，叫声嘈杂。

生长繁殖：繁殖期 4—6 月。营巢于悬岩的岩洞或缝隙中，常成群在一起营巢。巢呈杯状，主要由枯枝、枯草茎、草叶、毛等材料构成。窝卵数 3~4 枚。卵淡黄色或黄灰白色，微具褐色斑点。

调查次数	机场名称	只数（调查到的次数）	鸟击风险
8 次	稻城亚丁机场	未见	/
	甘孜格萨尔机场	1 只（1 次）	低
	甘孜康定机场	未见	/
6 次	拉萨贡嘎机场	未见	/
	日喀则和平机场	未见	/
4 次	昌都邦达机场	未见	/
	林芝米林机场	未见	/
	阿里昆莎机场	未见	/

111

鸦属

达乌里寒鸦 **Daurian Jackdaw** *Corvus dauuricus*　　　　　三有动物；LC（无危）

成鸟 / 熊昊洋　　　　　　　　　　　集成的大群 / 熊昊洋

鉴别特征：全身羽毛主要为黑色，仅后颈有一宽阔的白色颈圈向两侧延伸至胸和腹部，在黑色体羽衬托下极为醒目。

体型：体长♂ 20.8~36.0 cm，♀ 30.0~33.8 cm；体重♂ 190~275 g，♀ 191~285 g。

生态习性：主要栖息于海拔 1000~3500 m 的阔叶林、针阔叶混交林等中高山森林、亚高山灌丛与草甸草原等开阔地带，秋冬季多下到低山丘陵和山脚平原地带，有时也进到村庄和公园。喜成群，有时和其他鸦类混群活动。主要在地上觅食。在迁徙季时，会集成成百上千只的大群一起游荡活动，十分壮观。

生长繁殖：繁殖期 4—6 月。通常营巢于悬崖崖壁的洞穴中，也在树洞和高大建筑物屋檐下筑巢。有成群在一起营巢的习性，有时亦见单对在树洞中或树上营巢的。巢外层为枯枝，内层为各种柔软材料。窝卵数 4~8 枚。卵蓝绿色、淡青白色或淡蓝色，具暗褐色斑点。

调查次数	机场名称	只数（调查到的次数）	鸟击风险
8 次	稻城亚丁机场	139 只（5 次）	高
	甘孜格萨尔机场	19 只（1 次）	高
	甘孜康定机场	1 只（1 次）	高
6 次	拉萨贡嘎机场	未见	/
	日喀则和平机场	未见	/
4 次	昌都邦达机场	未见	/
	林芝米林机场	未见	/
	阿里昆莎机场	未见	/

成鸟（额弓平缓）

　　鉴别特征：通体黑色具紫蓝色金属光泽。额弓平缓，喙部强劲且修长。

　　体型：体长 41.0~53.8 cm；体重 360~650 g。

　　生态习性：栖息于低山、丘陵和平原地带的疏林及林缘地带，有的地方繁殖期也上到海拔 3500 m 左右的山地，冬季则下到山脚平原和低山丘陵等低海拔地区。繁殖期单独或成对活动，其他季节集群不大，通常 3~5 只，有时也和大嘴乌鸦混群。多在树上或电杆上停息，觅食则多在地上，一般在地上快步或慢步行走，很少跳跃。

　　生长繁殖：繁殖期 4—6 月。营巢于高大乔木顶端枝杈上，距地高 8~17 m。巢用枯树枝、棘条、枯草等材料构成，内垫软的树皮、细草茎、草根和毛。窝卵数 3~7 枚。卵天蓝色或蓝绿色，具褐色或灰褐色线状和块状斑。

调查次数	机场名称	只数（调查到的次数）	鸟击风险
8 次	稻城亚丁机场	12 只（5 次）	中
	甘孜格萨尔机场	66 只（3 次）	中
	甘孜康定机场	3 只（3 次）	中
6 次	拉萨贡嘎机场	未见	/
	日喀则和平机场	未见	/
4 次	昌都邦达机场	4 只（2 次）	中
	林芝米林机场	15 只（2 次）	中
	阿里昆莎机场	未见	/

114

青藏高原机场鸟种识别

成鸟（额弓隆起明显）

鉴别特征：通体黑色具紫色金属光泽。喙部粗大，嘴峰弯曲，嘴基有长羽，伸至鼻孔处。额头陡突，后颈羽毛柔软松散如发状，羽干不明显。尾长，呈楔形。

体型：体长 44.0~54.0 cm；体重 415~675 g。

生态习性：主要栖息活动于各种森林生境中，尤以疏林和林缘地带较常见。冬季多下到低山丘陵和山脚平原地带，常在农田、村庄等人类居住地附近活动。除繁殖期间成对活动外，其他季节多成 3~5 只或 10 多只的小群活动，偶尔也见有数十只甚至数百只的大群。

生长繁殖：繁殖期 3—6 月。营巢于高大乔木顶部枝杈处，距地高 5~20 m。巢呈碗状，主要由枯枝构成，内垫枯草、植物纤维、树皮、草根、毛发、苔藓、羽毛等柔软材料。窝卵数 3~5 枚。卵天蓝色或深蓝绿色，具褐色和灰褐色斑点。

调查次数	机场名称	只数（调查到的次数）	鸟击风险
8 次	稻城亚丁机场	17 只（3 次）	中
	甘孜格萨尔机场	6 只（5 次）	中
	甘孜康定机场	11 只（2 次）	中
6 次	拉萨贡嘎机场	未见	/
	日喀则和平机场	未见	/
4 次	昌都邦达机场	3 只（1 次）	中
	林芝米林机场	6 只（3 次）	中
	阿里昆莎机场	未见	/

成鸟（羽毛延伸至上喙前半部）

鉴别特征：通体黑色具紫蓝色金属光泽。喉、胸羽毛长，呈刚毛状。尾呈楔形，飞翔时明显可见。

体型：体长♂63.0~71.0 cm，♀60.7~67.1 cm；体重♂650~1450 g，♀600~1240 g。

生态习性：栖息于各种生境，一直到海拔5000 m左右的高山和高原地区，尤以农田、草地、高原牧场和村寨附近较常见。有时可见数十只，甚至近百只的大群。边飞边鸣叫，叫声粗哑、低沉。休息时多停歇在悬崖边缘和树上。喜欢停歇在人类聚集处附近或村庄旁边的树上和电杆上，有时甚至停歇在一些残垣破壁和牲畜篷圈处，在一些垃圾堆和动物尸体周围，也常有聚集。

生长繁殖：繁殖期3—6月。通常营巢于乔木顶上和悬崖岩壁的缝隙中或凹陷处。巢位较为固定，如无干扰，会一直在同一位置营巢，并利用往年的旧巢。巢呈杯状，由枯枝、枯草混杂一些泥土构成，内垫羊毛、兽毛和羽毛等柔软材料。窝卵数3~7枚。卵淡蓝绿色，具淡灰色斑点，有时还带粗著的黑褐色斑。

调查次数	机场名称	只数（调查到的次数）	鸟击风险
8次	稻城亚丁机场	未见	/
	甘孜格萨尔机场	5只（3次）	中
	甘孜康定机场	未见	/
6次	拉萨贡嘎机场	未见	/
	日喀则和平机场	未见	/
4次	昌都邦达机场	3只（1次）	中
	林芝米林机场	未见	/
	阿里昆莎机场	未见	/

山雀科
Paridae

小型鸣禽。喙小而尖，呈圆锥状。

山雀科鸟类主要栖息活动于森林和林缘灌丛。性活泼，常在树枝上跳跃或悬挂于枝头，也会在地面活动和觅食，食物以昆虫为主。对其他鸟类颇具攻击性。主要营巢于树洞或岩石缝隙中，也有在树枝间营巢的。

山雀科鸟类喜集小群活动，几乎整日在灌丛和树冠中觅食，飞行高度较低。综合评价其鸟击风险为"低"，无需额外关注。

共记录5属8种。

绿背山雀 *Parus monticolus*

黑冠山雀 **Rufous-vented Tit** *Periparus rubidiventris*　　　　三有动物；LC（无危）

成鸟

　　鉴别特征：整个头、颈和羽冠黑色，后颈和两颊具大的白斑。背至尾上覆羽暗蓝灰色。两翅和尾暗褐色。喉至上胸黑色，下胸至腹橄榄灰色。尾上覆羽棕色。

　　体型：体长 ♂ 10.0~12.0 cm，♀ 9.8~10.5 cm；体重 ♂ 6~13 g，♀ 8~13 g。

　　生态习性：主要栖息于海拔 2000~3500 m 的山地针叶林、竹林和杜鹃灌丛中，也出没于阔叶林、混交林。繁殖期间常单独或成对活动，其他时候多成 3~5 只或 10 余只的小群，有时亦见和其他山雀混群活动和觅食。

　　生长繁殖：未见相关研究。

调查次数	机场名称	只数（调查到的次数）	鸟击风险
8 次	稻城亚丁机场	4 只（1 次）	低
	甘孜格萨尔机场	未见	/
	甘孜康定机场	未见	/
6 次	拉萨贡嘎机场	未见	/
	日喀则和平机场	未见	/
4 次	昌都邦达机场	未见	/
	林芝米林机场	未见	/
	阿里昆莎机场	未见	/

青藏高原机场鸟类识别与防控

117

青藏高原机场鸟种识别

青藏高原机场鸟种识别

冠山雀属

褐冠山雀 **Grey Crested Tit** *Lophophanes dichrous*　　　三有动物；LC（无危）

成鸟 / 熊昊洋　　　　　　　　　　　　　　　　　　　成鸟 / 王辉

鉴别特征：具明显的褐灰色羽冠。额、眼先、颊和耳羽皮黄色。上体暗灰色，具皮黄白色的半领环。

体型：体长 ♂ 10.3~12.5 cm，♀ 10.6~12.2 cm；体重 ♂ 11~15 g，♀ 9~14 g。

生态习性：主要栖息在海拔 2500~4200 m 的高山针叶林中，也见于针阔叶混交林和林缘疏林灌丛，多在树林中下层活动。常单独或成对活动，也成几只至 10 余只的小群。

生长繁殖：繁殖期 5—7 月。营巢于天然树洞或缝隙中。巢由苔藓构成，内垫树皮纤维和毛。窝卵数通常 5 枚。卵白色，具栗色斑点。

调查次数	机场名称	只数（调查到的次数）	鸟击风险
8 次	稻城亚丁机场	12 只（2 次）	低
	甘孜格萨尔机场	未见	/
	甘孜康定机场	未见	/
6 次	拉萨贡嘎机场	未见	/
	日喀则和平机场	未见	/
4 次	昌都邦达机场	未见	/
	林芝米林机场	未见	/
	阿里昆莎机场	未见	/

白眉山雀 **White-browed Tit** *Poecile superciliosus*　　　　国家二级；LC（无危）

成鸟 / 周华明

鉴别特征：具明显的白色眉纹，眉纹下是一道宽阔的黑色贯眼纹。颏、喉黑色。上体深灰色沾橄榄色。颈侧葡萄红褐色，其余下体沙棕色。

体型：体长 ♂ 11.5~14.0 cm，♀ 11.2~13.5 cm；体重 9~15 g。

生态习性：栖息于海拔 3000~4500 m 的高原地带。多成对或小群活动。

生长繁殖：繁殖期 4—7 月。

调查次数	机场名称	只数（调查到的次数）	鸟击风险
8 次	稻城亚丁机场	1 只（1 次）	低
	甘孜格萨尔机场	6 只（2 次）	低
	甘孜康定机场	未见	/
6 次	拉萨贡嘎机场	未见	/
	日喀则和平机场	未见	/
4 次	昌都邦达机场	未见	/
	林芝米林机场	未见	/
	阿里昆莎机场	未见	/

沼泽山雀 **Marsh Tit** *Poecile palustris*　　　　　　　　三有动物；LC（无危）

成鸟

鉴别特征：头顶和颏部辉黑色，眼以下脸颊至颈侧白色。上体偏褐色或橄榄色。下体偏白色，两胁皮黄色。幼鸟羽色较苍淡，头部黑色无光泽。

体型：体长♂ 11.3~13.8 cm，♀ 11.9~13.8 cm；体重♂ 10~14 g，♀ 10~14 g。

生态习性：繁殖期成对或单独活动，其他季节多成几只或十余只的松散群，有时还会与煤山雀、长尾山雀等其他鸟类混群。

生长繁殖：繁殖期4—6月，3月末即开始求偶，雄鸟站在高大乔木树冠枝头高声鸣叫，并不时和雌鸟追逐于树冠层枝叶间。营巢于天然树洞、树的裂缝、啄木鸟废弃的巢洞以及人工巢箱中。巢呈杯状，主要由苔藓、地衣、细草、树皮纤维等构成，内垫兽毛、羽毛等柔软物质。窝卵数6~10枚。卵乳白色，具红褐色斑点。

调查次数	机场名称	只数（调查到的次数）	鸟击风险
8次	稻城亚丁机场	2只（1次）	低
	甘孜格萨尔机场	10只（1次）	低
	甘孜康定机场	未见	/
6次	拉萨贡嘎机场	未见	/
	日喀则和平机场	未见	/
4次	昌都邦达机场	未见	/
	林芝米林机场	未见	/
	阿里昆莎机场	未见	/

成鸟

　　鉴别特征：头顶和颏部黑色，上体偏褐色，下体皮黄色。极似黑喉山雀，区别是喉部黑色区域更宽并弥散至上胸部。

　　体型：体长♂ 11.6~14.3 cm，♀ 11.5~13.5 cm；体重♂ 10~13 g，♀ 9~12 g。

　　生态习性：同褐头山雀。

　　生长繁殖：未见相关研究。

调查次数	机场名称	只数（调查到的次数）	鸟击风险
8次	稻城亚丁机场	4只（1次）	低
	甘孜格萨尔机场	未见	/
	甘孜康定机场	未见	/
6次	拉萨贡嘎机场	未见	/
	日喀则和平机场	未见	/
4次	昌都邦达机场	未见	/
	林芝米林机场	未见	/
	阿里昆莎机场	未见	/

地山雀属

地山雀 **Ground Tit** *Pseudopodoces humilis*　　　　　　　　三有动物；LC（无危）

成鸟

鉴别特征：喙部黑色，较细长并稍向下弯曲。上体沙褐色。下体皮黄白色。中央尾羽黑褐色，其余尾羽皮黄白色。特征与其他山雀存在明显区别。

体型：体长♂ 13.2~18.0 cm，♀ 13.3~17.1 cm；体重♂ 25~46 g，♀ 25~47 g。

生态习性：主要栖息于海拔 3000~5000 m 的高原地带。除繁殖期成对活动外，常单独或成群活动，群体大小从 3~5 只到数十只不等。习性与其他山雀存在明显不同，主要在地上活动和觅食，极少上到树上或灌丛上。飞行能力弱，多贴地飞行，很少高飞。会利用鼠兔等动物废弃的洞穴进行夜栖或筑巢。

生长繁殖：繁殖期 5—7 月。雌雄亲鸟共同筑巢，通常营巢于老鼠、鼠兔等动物废弃的洞穴中以及天然洞中，有时也自己掘洞营巢。洞内放有枯草、叶、兽毛和羽毛等。窝卵数 4~8 枚。卵纯白色。雌鸟孵卵，雄鸟负责饲喂雌鸟。

调查次数	机场名称	只数（调查到的次数）	鸟击风险
8 次	稻城亚丁机场	未见	/
	甘孜格萨尔机场	39 只（4 次）	低
	甘孜康定机场	未见	/
6 次	拉萨贡嘎机场	未见	/
	日喀则和平机场	未见	/
4 次	昌都邦达机场	未见	/
	林芝米林机场	未见	/
	阿里昆莎机场	未见	/

大山雀 **Japanese Tit** *Parus minor*   三有动物；LC（无危）

成鸟   成鸟

鉴别特征：整个头部呈亮黑色，颊部具大型白斑。上背浅灰色，背沾绿色。下体白色，胸、腹中央有一条宽阔的黑色纵纹与喉部的黑色相连。雌鸟腹部黑色纵纹较细。幼鸟羽色整体较苍淡，但胸部纵纹无或不明显。

体型：体长♂ 12.0~14.4 cm，♀ 11.6~15.3 cm；体重♂ 12~16 g，♀ 13~17 g。

生态习性：除繁殖期成对活动外，秋冬季节多成3~5只的小群，有时亦见单独活动的。

生长繁殖：繁殖期4—8月。1年繁殖1~2窝。雌雄亲鸟共同营巢，通常营巢于天然树洞中，也利用其他鸟类废弃的巢洞和人工巢箱。巢呈杯状，外壁由苔藓构成，内壁为细纤维和兽毛，内垫兽毛和羽毛。窝卵数6~13枚。卵淡红白色，具红褐色斑点。孵卵由雌鸟承担，白天离巢时会用毛将卵盖住，夜间会在巢内过夜。

调查次数	机场名称	只数（调查到的次数）	鸟击风险
8次	稻城亚丁机场	未见	/
	甘孜格萨尔机场	24只（6次）	低
	甘孜康定机场	未见	/
6次	拉萨贡嘎机场	68只（6次）	低
	日喀则和平机场	2只（1次）	低
4次	昌都邦达机场	未见	/
	林芝米林机场	32只（3只）	低
	阿里昆莎机场	未见	/

　　鉴别特征：头黑色，两颊各具一大白斑。上背和肩黄绿色，腰蓝灰色，尾上覆羽灰蓝色。翅上具两道白色翅斑。腹黄色，腹中央有一条宽阔的黑色纵纹与喉部的黑色相连。雌鸟腹部的黑色纵纹较雄鸟细窄。

　　体型：体长♂ 10.8~14.0 cm，♀ 10.8~13.3 cm；体重♂ 9~15 g，♀ 9~17 g。

　　生态习性：习性类似大山雀，所处海拔高于大山雀。

　　生长繁殖：繁殖期 4—7月。由雌鸟筑巢，营巢于天然树洞中，也在墙壁和岩石缝隙中营巢。巢呈杯状，主要由羊毛之类的动物毛构成，有时混杂少量苔藓和草茎。窝卵数通常 4~6 枚，有时多至 7~8 枚。卵白色，具红褐色斑点。孵卵由雌鸟承担，雄鸟负责觅食饲喂雌鸟。

调查次数	机场名称	只数（调查到的次数）	鸟击风险
8次	稻城亚丁机场	未见	/
	甘孜格萨尔机场	未见	/
	甘孜康定机场	未见	/
6次	拉萨贡嘎机场	1只（1次）	低
	日喀则和平机场	未见	/
4次	昌都邦达机场	未见	/
	林芝米林机场	未见	/
	阿里昆莎机场	未见	/

百灵科
Alaudidae

地栖鸟类，包括各种百灵和云雀。喙部较厚，跗跖和尾均较短，部分种类有可竖起的羽冠。

百灵科鸟类主要栖息于草原等开阔地带。善于鸣叫，常在飞行时鸣叫，一些种类可以短暂悬停于空中。主要以草子、植物嫩叶、幼芽等植物性食物为食，偶尔也吃昆虫。多营巢于地上草丛中。

百灵科鸟类喜集大群活动，部分种类喜欢高空飞行。综合评价其鸟击风险为"低"至"中"，对于集群较大的种类应额外关注。

共记录 5 属 6 种。

长嘴百灵 *Melanocorypha maxima*

青藏高原机场鸟种识别

126

云雀属

小云雀 **Oriental Skylark** *Alauda gulgula*　　　　三有动物；LC（无危）

成鸟

鉴别特征：头上有一小羽冠，当受惊时竖起才明显可见。上体沙棕色或棕褐色具黑褐色纵纹。下体白色或棕白色，胸棕色具黑褐色纵纹。

体型：体长♂ 13.0~17.5 cm，♀ 13.7~17.9 cm；体重 24~40 g。

生态习性：主要栖息于开阔的矮草地。除繁殖期成对活动外，其他时候多成群。善奔跑，主要在地上活动，有时也停歇在灌木上。常突然从地面垂直飞起，边飞边鸣，并能悬停于空中片刻。降落时常两翅突然相叠，急速下坠，或缓慢向下滑翔。

生长繁殖：繁殖期 4—7 月。巢多置于草丛或树根中，隐蔽较好，但有时也置巢于裸露的地面上。巢呈杯状，主要由枯草、叶构成，内垫细草茎。窝卵数 3~5 枚。卵淡灰色或灰白色，具褐色斑点。

调查次数	机场名称	只数（调查到的次数）	鸟击风险
8 次	稻城亚丁机场	44 只（4 次）	中
	甘孜格萨尔机场	11 只（2 次）	中
	甘孜康定机场	26 只（3 次）	中
6 次	拉萨贡嘎机场	64 只（2 次）	中
	日喀则和平机场	415 只（6 次）	高
4 次	昌都邦达机场	未见	/
	林芝米林机场	3 只（2 次）	中
	阿里昆莎机场	28 只（3 次）	中

角百灵属

角百灵 **Horned Lark** *Eremophila alpestris*　　　　　　　三有动物；LC（无危）

成鸟　　　　　　　　　　　　　　　　　　　　　　　　幼鸟 / 王辉

鉴别特征：头部黑白相间，形成独特的脸部条纹。顶冠黑色，并后延形成特征性的黑色小"角"。上体纯暗褐色。下体余部白色，两胁具些许褐色纵纹。

体型：体长♂ 15.0~19.3 cm，♀ 14.7~18.2 cm；体重♂ 32~43 g，♀ 29~47 g。

生态习性：主要栖息于干旱草原和寒冷荒漠，冬季有时也出现于沿海地带。多单独或成对活动，有时亦见成小群，特别是在迁徙季节和冬季。主要在地上活动，一般不高飞或远飞。善于在地面短距离奔跑，如遇惊扰则站立不动，抬头张望，当人继续靠近时才做短距离飞行。

生长繁殖：繁殖期5—8月。通常营巢于草丛基部的地面凹坑。巢呈碗状，其外层为干草叶、草茎和草根，内层为羊毛或较柔软的花穗等物质。窝卵数 2~5 枚。卵刚产出时白色，孵化后逐渐变为褐色并具暗褐色斑。

调查次数	机场名称	只数（调查到的次数）	鸟击风险
8 次	稻城亚丁机场	151 只（6 次）	低
	甘孜格萨尔机场	未见	/
	甘孜康定机场	3 只（2 次）	低
6 次	拉萨贡嘎机场	未见	/
	日喀则和平机场	17 只（1 次）	低
4 次	昌都邦达机场	10 只（2 次）	低
	林芝米林机场	未见	/
	阿里昆莎机场	40 只（4 次）	低

短趾百灵属

细嘴短趾百灵 **Hume's Short-toed Lark** *Calandrella acutirostris* 三有动物；LC（无危）

成鸟

鉴别特征：喙粉色，眉纹短而呈皮黄色。胸侧具小块黑色斑。

体型：体长♂ 13.1~16.2 cm，♀ 13.0~16.3 cm；体重 19~24 g。

生态习性：主要栖息于多裸露岩石的山坡和多草的干旱平原。通常成对或成群活动，特别是迁徙期间常集成数十甚至成百上千只的大群。地栖性，善奔跑和跳跃。受干扰时立即飞翔，每次飞翔距离不远。叫声单调，鸣声为单音节。

生长繁殖：繁殖期 5—8 月。通常营巢于地上的天然凹坑内，或由亲鸟自己在地面扒一小浅坑。巢边多有植物作遮蔽，也有无任何遮蔽的。巢呈杯状，主要由大佛子茅、赖草根、早熟禾根等植物构成，内垫羽毛和绒羽。卵灰白色，其上密布淡褐色细斑。

调查次数	机场名称	只数（调查到的次数）	鸟击风险
8 次	稻城亚丁机场	未见	/
	甘孜格萨尔机场	未见	/
	甘孜康定机场	未见	/
6 次	拉萨贡嘎机场	未见	/
	日喀则和平机场	未见	/
4 次	昌都邦达机场	未见	/
	林芝米林机场	未见	/
	阿里昆莎机场	10 只（2 次）	中

成鸟 / 王似奇

鉴别特征：中型的沙色百灵。具白色眉纹，下体浅皮黄色。

体型：体长 ♂ 14.1~17.0 cm，♀ 13.0~18.0 cm；体重 ♂ 19~34 g，♀ 18~31 g。

生态习性：由原大短趾百灵的亚种提升为种，习性与大短趾百灵类似。

生长繁殖：未见相关研究。

调查次数	机场名称	只数（调查到的次数）	鸟击风险
8 次	稻城亚丁机场	未见	/
	甘孜格萨尔机场	未见	/
	甘孜康定机场	未见	/
6 次	拉萨贡嘎机场	未见	/
	日喀则和平机场	未见	/
4 次	昌都邦达机场	未见	/
	林芝米林机场	未见	/
	阿里昆莎机场	1 只（1 次）	低

青藏高原机场鸟种识别

百灵属

长嘴百灵 **Tibetan Lark** *Melanocorypha maxima*　　　　　三有动物；LC（无危）

成鸟

鉴别特征：喙部厚而长，末端微曲。上体褐色，具粗著的黑褐色纵纹，头和腰缀有明显的棕色。下体白色，胸灰棕白色，有的具暗色斑点。

体型：体长♂ 19.0~23.8 cm，♀ 19.0~23.0 cm；体重♂ 70~90 g，♀ 60~85 g。

生态习性：主要栖息于开阔的草原和牧场，尤喜湿润的湖泊周围的高草草地。常单独或成对活动，很少成群。性大胆，不甚怕人。鸣叫声宏亮悦耳。

生长繁殖：繁殖期5—7月。通常营巢于人迹罕至、干扰较少的沼泽边缘干燥地以及湖边草丛上。巢多置于土墩间的凹坑内。巢为杯状，结构较为粗糙，主要由枯草、枯叶以及各种植物根茎构成。窝卵数2~3枚。卵黄色，微缀橄榄绿色，密被细小的褐色斑点。

调查次数	机场名称	只数（调查到的次数）	鸟击风险
8次	稻城亚丁机场	未见	/
	甘孜格萨尔机场	未见	/
	甘孜康定机场	未见	/
6次	拉萨贡嘎机场	未见	/
	日喀则和平机场	未见	/
4次	昌都邦达机场	未见	/
	林芝米林机场	未见	/
	阿里昆莎机场	25只（2次）	中

青藏高原机场鸟种识别

小短趾百灵属

短趾百灵 **Asian Short-toed Lark** *Alaudala cheleensis* 　　　　三有动物；LC（无危）

成鸟 / 周华明

鉴别特征：上体沙棕色具黑褐色纵纹。下体皮黄白色或白色，胸和体侧具暗褐色纵纹，外侧尾羽白色。

体型：体长 ♂ 14.1~17.0 cm，♀ 13.0~18.0 cm；体重 ♂ 19~34 g，♀ 18~31 g。

生态习性：主要栖于干旱平原和草地。除繁殖期成对活动外，其他季节多成群。主要在地上活动，奔跑迅速，常常跑跑停停，不甚怕人。向前飞行时一起一落，呈不规则的波浪形。繁殖期间常垂直起飞和鸣叫，鸣声婉转动听，在空中边飞边鸣。

生长繁殖：繁殖期 5—7 月。营巢于地上草丛中凹坑内以及草地边的耕地上。巢呈杯状或碗状，主要由禾本科枯草构成。窝卵数通常 3~5 枚。卵灰白色，具黑褐色斑点。雏鸟孵出后由雌雄亲鸟共同抚养。喂食时亲鸟甚为警惕。常常在距巢 5~6 m 远的地方落下，然后极为警惕地从地上逐步向巢接近，出巢时亦不鸣叫，悄悄地从巢中飞出。

调查次数	机场名称	只数（调查到的次数）	鸟击风险
8 次	稻城亚丁机场	未见	/
	甘孜格萨尔机场	未见	/
	甘孜康定机场	未见	/
6 次	拉萨贡嘎机场	未见	/
	日喀则和平机场	未见	/
4 次	昌都邦达机场	未见	/
	林芝米林机场	未见	/
	阿里昆莎机场	1 只（1 次）	中

131

132

青藏高原机场鸟种识别

燕科
Hirundinidae

形态优雅、体型修长的小型鸟类。嘴型平扁而短阔，近似三角形，嘴裂尤其宽阔。两翼长而尖，尾多为叉状和短叉状。

燕科鸟类主要栖息于人类聚集区、农田以及山谷中较为空旷的岩壁周围和湖泊岸边。极其善于飞行，能长时间飞行，并在空中捕食。休息时停歇于电线、房屋以及树枝上。主要以各种昆虫为食。营巢于人类建筑物上，有的种类也营巢于石头缝隙或岸边的泥穴中。

燕科鸟类喜成群活动，且极善飞行，几乎整日都在天空盘旋。综合评价其鸟击风险为"中"至"高"，需要重点关注其种群动态。

共记录5属5种。

家燕 *Hirundo rustica*

淡色崖沙燕 **Pale Martin** *Riparia diluta*　　　　　　　三有动物；LC（无危）

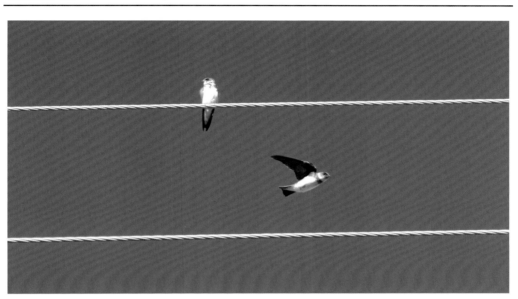

成鸟

鉴别特征：上体沙灰色，下体白色，胸有一宽的浅灰色胸带，尾呈浅叉状。

体型：体长♂ 12.5~13.5 cm，♀ 11.0~14.3 cm；体重♂ 12~16 g，♀ 11~17 g。

生态习性：主要栖息于河流、沼泽、湖泊岸边沙滩、沙丘和砂质岩坡上。常成群生活，群体大小多为30~50只，有时亦见数百只的大群。一般不远离水域，常成群在水面上空飞翔，有时亦见与家燕、金腰燕混群飞翔于空中。飞行轻快而敏捷，且边飞边叫。休息时亦成群停栖在沙丘、沼泽地或沙滩上，有时也停栖于路边电线上和水稻田中。

生长繁殖：繁殖期5—7月。成群在一起营群巢，巢洞相近，最高密度每平方米多达30余个巢洞。营巢于河流或湖泊岸边沙质悬崖的洞上，洞呈水平坑道状，巢筑于室内，浅盆状。巢材主要有茎和叶、枯草和羽毛。窝卵数4~6枚。卵白色，光滑无斑。

调查次数	机场名称	只数（调查到的次数）	鸟击风险
8次	稻城亚丁机场	未见	/
	甘孜格萨尔机场	15只（1次）	中
	甘孜康定机场	未见	/
6次	拉萨贡嘎机场	67只（4次）	中
	日喀则和平机场	101只（5次）	中
4次	昌都邦达机场	73只（3次）	中
	林芝米林机场	未见	/
	阿里昆莎机场	未见	/

燕属

家燕 **Barn Swallow** *Hirundo rustica*　　　　　　　　三有动物；LC（无危）

成鸟　　　　　　　　　　　　　　　　　　　幼鸟

　　鉴别特征：上体蓝黑色而富有光泽。须、喉和上胸栗色，下胸和腹白色。尾长、呈深叉状。

　　体型：体长♂ 13.4~19.7 cm，♀ 13.2~18.3 cm；体重♂ 14~22 g，♀ 14~21 g。

　　生态习性：喜欢栖息在人类居住的环境。喜栖息于房顶、电线以及附近的河滩和田野里。善飞行，整天大多数时间都在飞行。飞行迅速敏捷，没有固定方向，有时还不停地发出尖锐而急促的叫声。夜栖时通常集大群，在城市中也是如此。

　　生长繁殖：繁殖期4—7月，多数1年繁殖2窝。巢多置于人类房屋的内外墙壁、屋椽或横梁上。筑巢时雌雄亲鸟轮流从水域岸边衔取泥、茎和根，再混以唾液，形成小泥丸，然后再用嘴整齐而紧密地堆砌在一起，形成一个非常坚固的外壳。然后衔取干的细草茎和草根，用唾液粘铺于巢底形成一个内垫，最后垫以植物纤维和鸟类羽毛。

调查次数	机场名称	只数（调查到的次数）	鸟击风险
8次	稻城亚丁机场	未见	/
	甘孜格萨尔机场	未见	/
	甘孜康定机场	未见	/
6次	拉萨贡嘎机场	未见	/
	日喀则和平机场	未见	/
4次	昌都邦达机场	3只（1次）	高
	林芝米林机场	未见	/
	阿里昆莎机场	未见	/

青藏高原机场鸟类识别与防控

134

青藏高原机场鸟种识别

岩燕属

岩燕 **Eurasian Crag Martin** *Ptyonoprogne rupestris*　　　　　三有动物；LC（无危）

成鸟（注意尾部的白色条纹）　　　　　　　　　　　　　成鸟 / 周华明

鉴别特征： 上体灰褐色。额、喉污白色。尾短，具白色间断条纹。

体型： 体长 ♂ 12.7~16.0 cm，♀ 13.0~17.5 cm；体重 ♂ 18~25 g，♀ 20~28 g。

生态习性： 主要栖息于海拔 1500~5000 m 的高山峡谷地带，尤喜陡峻的岩石悬崖峭壁。成对或成小群生活。善飞翔，整天多数时候都飞翔于空中。飞行时快时慢，常常发出低弱的"啾啾"声，飞行速度一般不及其他燕快。

生长繁殖： 繁殖期 5—7 月。营巢于水域附近的山崖或岩壁缝隙中。筑巢会先从水岸边衔泥在嘴里咀嚼，粘在崖壁上或岩石下，之后重复叼泥土直至收口。巢由小泥丸混以羽毛堆积成半球形，内铺以细软杂草、根、苔藓和羽毛等。常成对单独营巢，偶尔也见松散的群体在一起营巢。窝卵数 3~5 枚。卵白色，上面布有褐色和灰色斑点。

调查次数	机场名称	只数（调查到的次数）	鸟击风险
8 次	稻城亚丁机场	未见	/
	甘孜格萨尔机场	未见	/
	甘孜康定机场	未见	/
6 次	拉萨贡嘎机场	5 只（1 次）	中
	日喀则和平机场	未见	/
4 次	昌都邦达机场	10 只（1 次）	中
	林芝米林机场	未见	/
	阿里昆莎机场	3 只（1 次）	中

青藏高原机场鸟种识别

毛脚燕属

烟腹毛脚燕 **Asian House Martin** *Delichon dasypus*　　　　三有动物；LC（无危）

成鸟 / ivan

鉴别特征：上体蓝黑色具金属光泽，腰白色。尾呈叉状。下体烟灰白色，跗跖和趾被白色绒羽。

体型：体长♂ 11.0~12.0 cm，♀ 10.2~12.0 cm；体重♂ 10~15 g，♀ 11~15 g。

生态习性：主要栖息于悬崖峭壁处，也栖息于房舍、桥梁等人类建筑物上。常成群栖息和活动，多在栖息地上空飞翔。通常低飞，也能像鹰一样在空中盘旋俯冲。

生长繁殖：繁殖期6—8月。常成群在一起营巢。于悬崖凹陷处、岩壁石隙间以及人类建筑物上筑巢。巢由雌雄亲鸟用泥土、枯草混合成泥丸堆砌而成，呈侧扁的长球形或半球形，一端开口，内垫枯草茎、叶、苔藓和羽毛。窝卵数3~5枚。卵纯白色。

调查次数	机场名称	只数（调查到的次数）	鸟击风险
8次	稻城亚丁机场	未见	/
	甘孜格萨尔机场	未见	/
	甘孜康定机场	未见	/
6次	拉萨贡嘎机场	50只（1次）	高
	日喀则和平机场	未见	/
4次	昌都邦达机场	未见	/
	林芝米林机场	未见	/
	阿里昆莎机场	未见	/

斑燕属

金腰燕 **Red-rumped Swallow** *Cecropis daurica*　　　　　三有动物；LC（无危）

成鸟

鉴别特征：上体蓝黑色具金属光泽，腰棕栗色。下体棕白色而具黑色纵纹。尾长，呈深叉状。幼鸟和成鸟相似，但上体缺少光泽，尾亦较短。

体型：体长♂ 15.5~20.6 cm，♀ 15.3~19.6 cm；体重♂ 18~30 g，♀ 15~31 g。

生态习性：主要栖于低山丘陵和平原地区的村庄、城镇等。常成群活动，迁徙期间有时集成数百只的大群。休息时多停歇在电线上。

生长繁殖：繁殖期 4—9 月，一年繁殖 2 次。通常营巢于人类房屋等建筑物上，巢多置于屋檐下、天花板上或房梁上。筑巢时常将泥丸混以植物纤维和草茎在房梁和天花板上堆砌成半个曲颈瓶状或葫芦状的巢。瓶颈即是巢的出入口，扩大的末端即为巢室，内垫干草、棉花、羽毛等柔软物。窝卵数 4~6 枚。卵近白色，具黑棕色斑点。

调查次数	机场名称	只数（调查到的次数）	鸟击风险
8 次	稻城亚丁机场	未见	/
	甘孜格萨尔机场	26 只（4 次）	高
	甘孜康定机场	未见	/
6 次	拉萨贡嘎机场	未见	/
	日喀则和平机场	未见	/
4 次	昌都邦达机场	未见	/
	林芝米林机场	未见	/
	阿里昆莎机场	未见	/

青藏高原机场鸟种识别

Phylloscopidae

小型的偏绿色莺类。体型纤细瘦小。

柳莺科鸟类栖息于森林和灌丛中。主要以昆虫为食。大多形态相似，需结合鸣声识别。

柳莺科鸟类体型小巧，喜单独活动，几乎终日在灌丛或树冠层觅食，飞行高度较低，综合评价其鸟击风险为"低"，无需特别关注。

共记录 1 属 5 种。

黄腹柳莺 *Phylloscopus affinis*

橙斑翅柳莺 **Buff-barred Warbler** *Phylloscopus pulcher*　　　三有动物；LC（无危）

成鸟

　　鉴别特征：头顶暗绿色，具不明显的淡黄色中央冠纹，眉纹黄绿色。背橄榄绿色，腰黄色。两翅和尾暗褐色，翅上有两道橙黄色翼斑。下体灰绿黄色。

　　体型：体长♂ 9.0~11.4 cm，♀ 9.1~11.8 cm；体重 5~7 g。

　　生态习性：主要栖息于海拔 1500~4000 m 的山地森林和林缘灌丛中，尤以高山针叶林和杜鹃灌丛中较常见。常单独或成对活动。多活动在树冠层，也在林下或林缘灌丛中活动和觅食。性活泼，行动敏捷。

　　生长繁殖：繁殖期 5—7 月。营巢于山地森林中。巢呈球状，侧面开口。巢材为枯草、茎叶和纤维，内垫少许羽毛。窝卵数 3~4 枚。卵白色，具细小的红色斑点。

调查次数	机场名称	只数（调查到的次数）	鸟击风险
8 次	稻城亚丁机场	未见	/
	甘孜格萨尔机场	未见	/
	甘孜康定机场	未见	/
6 次	拉萨贡嘎机场	未见	/
	日喀则和平机场	未见	/
4 次	昌都邦达机场	未见	/
	林芝米林机场	1 只（1 次）	低
	阿里昆莎机场	未见	/

成鸟

鉴别特征：上体橄榄绿色，眉纹黄色，下体暖黄色。

体型：体长♂ 9.0~12.7 cm，♀ 9.0~11.3 cm；体重♂ 5~10 g，♀ 5~10 g。

生态习性：主要栖息于海拔 1000~5000 m 的中高山森林和高原灌丛中。常单独或成对活动，非繁殖期亦见成小群活动。成天不停地在灌木或树枝间跳跃觅食，也能在空中追捕食物。

生长繁殖：繁殖期 5—8 月。通常营巢于离地不高的灌丛下部。巢呈圆形或近似圆形，主要由枯草和细枝构成，内垫羽毛。窝卵数 3~5 枚。卵象牙白色，偶尔带稀疏的红褐色斑点。雌雄亲鸟轮流孵卵和育雏。

调查次数	机场名称	只数（调查到的次数）	鸟击风险
8 次	稻城亚丁机场	5 只（1 次）	低
	甘孜格萨尔机场	5 只（1 次）	低
	甘孜康定机场	未见	/
6 次	拉萨贡嘎机场	未见	/
	日喀则和平机场	未见	/
4 次	昌都邦达机场	未见	/
	林芝米林机场	未见	/
	阿里昆莎机场	未见	/

成鸟 / 王辉

鉴别特征：眉纹淡黄白色。上体暗绿橄榄色。两翅和尾暗褐色，翅上通常仅有一道翼斑。下体灰白沾黄。

体型：体长♂ 10.2~11.9 cm，♀ 10.2~11.9 cm；体重♂ 8~10 g，♀ 6~10 g。

生态习性：主要栖息于森林，也栖息于林缘疏林和灌丛。繁殖季节主要栖息在海拔1500~3900 m的中高山和高原山坡的针阔混交林中。迁徙季节和冬季常下到低山和沟谷森林地带。常单独或成对活动，非繁殖季节也成小群活动和觅食。性活泼，行动敏捷。通常多在树冠层活动和觅食，有时也在低矮的树上或灌木上觅食。

生长繁殖：繁殖期6—7月。通常营巢于地面、河岸与陡岩。巢为球形，侧面开口，主要由枯草茎、草叶和苔藓等材料构成，内垫细草茎和兽毛。窝卵数5~6枚。卵白色。

调查次数	机场名称	只数（调查到的次数）	鸟击风险
8次	稻城亚丁机场	未见	/
	甘孜格萨尔机场	未见	/
	甘孜康定机场	未见	/
6次	拉萨贡嘎机场	未见	/
	日喀则和平机场	未见	/
4次	昌都邦达机场	未见	/
	林芝米林机场	4只（2次）	低
	阿里昆莎机场	未见	/

成鸟

鉴别特征：喙大而色深。上体橄榄绿色，眉纹黄色。两翅暗褐色具两道黄白色的翼斑。下体淡黄白色，喉、胸和两肋沾灰。尾亦为暗褐色。

体型：体长♂ 11.4~12.8 cm，♀ 11.6~12.5 cm；体重♂ 6~12 g，♀ 8~12 g。

生态习性：主要栖息于海拔 2000~3500 m 的针叶林和针阔叶混交林，尤喜沿河流和山溪的常绿针阔叶混交林。常单独或成对活动。繁殖期间领域性甚强，雄鸟常站在巢区树上鸣叫。性活泼，频繁地在树冠层枝叶间跳跃或飞来飞去，有时也见在林下、溪边灌丛和岩石上活动和觅食。

生长繁殖：繁殖期 6—8 月。通常营巢于地面或岸边岩坡，也有在岩坡和树根间洞穴中营巢的。巢呈球形，主要由草茎、草叶、苔藓等材料构成，内垫细草茎和毛，巢口开在侧边。窝卵数通常 4 枚。卵白色，光滑无斑。

调查次数	机场名称	只数（调查到的次数）	鸟击风险
8 次	稻城亚丁机场	未见	/
	甘孜格萨尔机场	未见	/
	甘孜康定机场	未见	/
6 次	拉萨贡嘎机场	未见	/
	日喀则和平机场	未见	/
4 次	昌都邦达机场	未见	/
	林芝米林机场	7 只（3 次）	低
	阿里昆莎机场	未见	/

成鸟 / 熊昊洋

鉴别特征：上体橄榄绿色，淡绿黄色顶冠纹极为显著，顶冠纹两侧各有一条黑色侧冠纹。翅上有两道淡黄色翅斑。下体亮黄色，两胁沾绿。

体型：体长 ♂ 9.9~11.0 cm，♀ 约 10.0 cm；体重 ♂ 6~8 g，♀ 约 8 g。

生态习性：主要栖息于海拔 2000 m 以下的森林与林缘灌丛中。除繁殖期单独或成对活动外，其他时候多成群，常与其他小鸟混群活动。性活泼，几乎整天都在不停觅食。

生长繁殖：繁殖期 4—7 月。通常营巢于林下或森林边的土岸洞穴中，巢呈球形，全由苔藓构成。窝卵数通常 6 枚。卵白色，光滑无斑。

调查次数	机场名称	只数（调查到的次数）	鸟击风险
8 次	稻城亚丁机场	2 只（1 次）	低
	甘孜格萨尔机场	未见	/
	甘孜康定机场	未见	/
6 次	拉萨贡嘎机场	未见	/
	日喀则和平机场	未见	/
4 次	昌都邦达机场	未见	/
	林芝米林机场	未见	/
	阿里昆莎机场	未见	/

144

长尾山雀科
Aegithalidae

小巧而敏捷的鸣禽。具小而尖的喙，尾甚长。

长尾山雀科鸟类主要栖息于林下植物茂密的山地森林中，尤以针阔叶混交林和阔叶林中较常见。在非繁殖季通常集成小群活动。以昆虫和种子为食。于树上营袋状悬巢。

长尾山雀科鸟类喜成群活动，但几乎整日在灌丛或树冠层觅食，飞行高度低。综合评价其鸟击风险为"低"，无需额外关注。

共记录 2 属 4 种。

凤头雀莺 *Leptopoecile elegans* / 张铭

棕额长尾山雀 **Rufous-fronted Bushtit** *Aegithalos iouschistos*　　　三有动物；LC（无危）

成鸟 / 杨小农

　　鉴别特征：头侧黑色，顶冠纹、髭纹、耳羽和颈侧均为棕褐色。背部、两翅和尾部全为灰色。下体黄棕色，喉部银灰色并略具黑色纵纹。

　　体型：体长♂约 11.2 cm，♀约 10.1 cm；体重♂约 6 g，♀约 7 g。

　　生态习性：主要栖息于海拔 2000~3000 m 的针叶林、针阔叶混交林以及林线上缘的高山灌丛。冬季多下到山脚和沟谷林。常成群活动，喜欢在枝叶间穿梭跳跃。

　　生长繁殖：未见相关研究。

调查次数	机场名称	只数（调查到的次数）	鸟击风险
8 次	稻城亚丁机场	未见	/
	甘孜格萨尔机场	未见	/
	甘孜康定机场	未见	/
6 次	拉萨贡嘎机场	未见	/
	日喀则和平机场	未见	/
4 次	昌都邦达机场	未见	/
	林芝米林机场	1 只（1 次）	中
	阿里昆莎机场	未见	/

黑眉长尾山雀 **Black-browed Bushtit** *Aegithalos bonvaloti* 　　　三有动物；LC（无危）

成鸟

　　鉴别特征：额白色，头顶和后颈黑色。眼先和眼下方黑色，形成一条宽阔的贯眼纹一直到耳羽。上体橄榄灰色，上背和肩缀棕褐色。

　　体型：体长 ♂ 10.7~11.8 cm，♀ 10.5~12.0 cm；体重 ♂ 6~9 g，♀ 5~8 g。

　　生态习性：主要栖息于海拔 2000~2700 m 的针阔混交林。除繁殖期外，多集小群活动。

　　生长繁殖：繁殖期 4—6 月。筑巢于杜鹃丛以及树木枝杈上。巢呈椭圆形，使用苔藓、地衣、羊毛、细藤等材料网织而成，内垫羽毛。开口于近顶端一侧，制作较为紧密、精致。窝卵数 4~5 枚。卵白色，光滑无斑。孵卵由雌雄亲鸟轮流承担。

调查次数	机场名称	只数（调查到的次数）	鸟击风险
8 次	稻城亚丁机场	1 只（1 次）	中
	甘孜格萨尔机场	未见	/
	甘孜康定机场	未见	/
6 次	拉萨贡嘎机场	未见	/
	日喀则和平机场	未见	/
4 次	昌都邦达机场	未见	/
	林芝米林机场	未见	/
	阿里昆莎机场	未见	/

雀莺属

花彩雀莺 **White-browed Tit-warbler** *Leptopoecile sophiae*　　　三有动物；LC（无危）

成鸟♂ / 熊昊洋

鉴别特征： 顶冠棕色，眉纹白色。背灰色，腰和尾上覆羽辉紫蓝色。下体皮黄色或紫色，腹中央具栗色斑，有的为紫蓝色。

体型： 体长♂ 9.2~12.6 cm，♀ 9.2~11.5 cm；体重♂ 6~8 g，♀ 6~7 g。

生态习性： 主要栖息于海拔 2500 m 以上的矮曲林、杜鹃灌丛和草地，最高可上到海拔 5000 m 左右的高山荒漠地带。冬季可下到海拔 1500 m 左右的山脚和平原。繁殖期间单独或成对活动，其他季节则多成群，有时亦与其他小型鸟类混群。有时见悬吊于枝叶上啄食叶背面的昆虫，有时又直接飞到空中捕食昆虫，很少到地面觅食。

生长繁殖： 繁殖期 4—7 月，1 年繁殖 1~2 窝。通常营巢于海拔 2500~4200 m 的山地灌丛中。巢通常为球形或椭圆形，也有呈杯状或不规整形状的，主要由苔藓、植物须和动物毛构成，内垫羽毛。出入口开在顶端，其四周固定有很多羽毛。窝卵数 4~6 枚。卵白色，具紫黑色、红色和灰色斑点。

调查次数	机场名称	只数（调查到的次数）	鸟击风险
8 次	稻城亚丁机场	2 只（1 次）	低
	甘孜格萨尔机场	7 只（3 次）	低
	甘孜康定机场	2 只（2 次）	低
6 次	拉萨贡嘎机场	未见	/
	日喀则和平机场	未见	/
4 次	昌都邦达机场	未见	/
	林芝米林机场	未见	/
	阿里昆莎机场	未见	/

成鸟♂ / 张铭   成鸟♀ / 周华明

鉴别特征：雄鸟头顶和枕灰色，有一长而尖的白色羽冠，头侧、后颈以及颈侧栗色。背、肩蓝灰色，腰天蓝色，两翅和尾暗褐色。颏、喉、胸淡栗色，腹沾紫蓝色。雌鸟头顶较暗，羽冠较短，上背赭褐色，下背和腰蓝色。下体污白色，两胁和尾下覆羽淡紫色或紫褐色，其余同雄鸟。

体型：体长♂ 9.0~10.5 cm，♀ 9.5~10.3 cm；体重♂ 5~8 g，♀ 6~8 g。

生态习性：主要栖息于海拔 3000~4000 m 的山地针叶林中，也栖息于林缘稀树草坡、矮曲林和灌丛。常单独或成对活动，偶尔亦见 3~5 只成群，尤其是非繁殖季。

生长繁殖：未见相关研究。

调查次数	机场名称	只数（调查到的次数）	鸟击风险
8次	稻城亚丁机场	3只（2次）	低
	甘孜格萨尔机场	未见	/
	甘孜康定机场	未见	/
6次	拉萨贡嘎机场	未见	/
	日喀则和平机场	未见	/
4次	昌都邦达机场	未见	/
	林芝米林机场	未见	/
	阿里昆莎机场	未见	/

鸦雀科
Paradoxornithidae

多样化的小型鸟类，包含各种林莺、鸦雀、雀鹛、鹛雀等。鸦雀科鸟类主要以昆虫为食，多数种类具迁徙习性。

鸦雀科鸟类喜成群活动，但飞行高度极低，几乎只在低矮的灌丛中觅食。综合评价其鸟击风险为"低"，无需特别关注。

共记录 1 属 2 种。

青藏高原机场鸟种识别

白眉雀鹛 *Fulvetta vinipectus*

成鸟

褐鹛属

白眉雀鹛 **White-browed Fulvetta** *Fulvetta vinipectus*   三有动物；LC（无危）

鉴别特征：头顶暗灰褐色具粗著的白色眉纹，眉纹上有一道宽阔的黑色纵纹，从头顶两侧一直延伸至后颈。上体黄棕色，两翅锈棕色。颏、喉至胸白色。

体型：体长♂ 11.1~14.0 cm，♀ 11.2~13.5 cm；体重♂ 9~12 g，♀ 9~11 g。

生态习性：主要栖息于海拔 1400~3800 m 的灌丛和林下植被。除繁殖期成对活动外，其他季节多成小群，有时亦见与其他小型鸟类混群。多于林下灌丛活动和觅食。

生长繁殖：繁殖期 5—7 月。通常营巢于海拔 1500~3500 m 的山地森林中的林下灌丛。巢呈深杯状，主要由茎、叶、根等材料构成，外面通常有一些绿色苔藓，内垫细根、毛发和羽毛。窝卵数 2~3 枚。卵灰色或蓝灰色，具暗褐色斑点。

调查次数	机场名称	只数（调查到的次数）	鸟击风险
8 次	稻城亚丁机场	未见	/
	甘孜格萨尔机场	未见	/
	甘孜康定机场	1 只（1 次）	低
6 次	拉萨贡嘎机场	未见	/
	日喀则和平机场	未见	/
4 次	昌都邦达机场	未见	/
	林芝米林机场	未见	/
	阿里昆莎机场	未见	/

成鸟 / 王辉

鉴别特征：上体褐色，头和背具黑褐色纵纹，耳羽灰褐色。飞羽栗褐色，外侧飞羽具白色羽缘。喉、胸白色具明显的黑褐色纵纹，腹和其余下体浅褐色。

体型：体长♂ 12.4~13.8 cm，♀ 12.5~14.2 cm；体重♂约 12 g，♀ 11~13 g。

生态习性：主要栖息于海拔 2800~4300 m 处的高山和高原地带，尤以高原山地的冷杉林或各种矮树灌丛为主要的栖息生境。常单独或成对活动，偶尔也成小群。

生长繁殖：未见相关研究。

调查次数	机场名称	只数（调查到的次数）	鸟击风险
8 次	稻城亚丁机场	1 只（1 次）	低
	甘孜格萨尔机场	4 只（1 次）	低
	甘孜康定机场	未见	/
6 次	拉萨贡嘎机场	未见	/
	日喀则和平机场	未见	/
4 次	昌都邦达机场	未见	/
	林芝米林机场	未见	/
	阿里昆莎机场	未见	/

噪鹛科
Leiothrichidae

中型鸟类。嘴部细长而尖。两翅短圆而稍凹。两腿强健，善跳跃和奔跑。尾长适中。

噪鹛科鸟类主要栖息于热带和亚热带的森林中。大多种类为群居性，在繁殖期尤为如此。不少种类具有动听的鸣声，另外一些种类则善于群鸟共鸣，发出叽喳声、尖叫声和"笑声"。食物主要为各种昆虫、小型无脊椎动物和植物果实、种子。巢为杯状，通常营巢于枝杈、灌丛或地上。

噪鹛科鸟类喜集大群活动，虽然体型较大，但喜欢在隐蔽处活动、取食，飞行高度低。综合评价其鸟击风险为"低"，无需额外关注。

共记录 3 属 6 种。

黑顶噪鹛 *Trochalopteron affine* / 熊昊洋

大噪鹛 Giant Laughingthrush *Ianthocincla maximus* 国家二级；LC（无危）

成鸟

鉴别特征： 额至头顶黑褐色，背栗褐色杂以白色斑点，斑点前缘或四周围有黑色。颏、喉棕褐色，其余下体深棕褐色。尾特长，具黑色亚端斑和白色端斑。

体型： 体长♂ 30.6~37.3 cm，♀ 30.5~35.9 cm；体重♂ 110~146 g，♀ 100~220 g。

生态习性： 主要栖息于海拔 2700~4200 m 的亚高山和高山森林灌丛及其林缘地带。常成群活动，也与其他噪鹛混群。性胆怯而隐匿，常常仅闻其声而不见其影，叫声响亮、粗犷。

生长繁殖： 未见相关研究。

调查次数	机场名称	只数（调查到的次数）	鸟击风险
8 次	稻城亚丁机场	3 只（3 次）	低
	甘孜格萨尔机场	11 只（2 次）	低
	甘孜康定机场	未见	/
6 次	拉萨贡嘎机场	未见	/
	日喀则和平机场	未见	/
4 次	昌都邦达机场	未见	/
	林芝米林机场	未见	/
	阿里昆莎机场	未见	/

草鹛属

矛纹草鹛 **Chinese Babax** *Pterorhinus lanceolatus*　　　　　三有动物；LC（无危）

成鸟 / 熊昊洋　　　　　　　　　　　　　　　　　　　成鸟 / 熊昊洋

　　鉴别特征：头顶和上体暗栗褐色具灰色或棕白色的羽缘，形成栗褐色纵纹。下体棕白色，胸和两胁具暗色纵纹。尾褐色具黑色横斑。

　　体型：体长♂ 22.5~28.2 cm，♀ 23.0~27.0 cm；体重♂ 64~85 g，♀ 65~88 g。

　　生态习性：主要栖息于稀树灌丛、草坡、森林和林缘灌丛中。喜结群，除繁殖期外，常成小群活动。多在林缘灌木丛或高草丛中活动，尤其喜欢在有稀疏树木的开阔地带的灌丛和草丛中活动、觅食。性活泼，常在灌丛间跳跃穿梭，也在地上奔跑和觅食。一般较少飞翔。常边走边鸣叫，叫声嘈杂，群中个体间即通过彼此的叫声保持联系。

　　生长繁殖：繁殖期4—6月。营巢于灌丛中，巢呈杯状，主要由枯草茎、叶构成，内垫细草茎和草根。窝卵数 3~4 枚，卵蓝色，具暗色斑点。

调查次数	机场名称	只数（调查到的次数）	鸟击风险
8次	稻城亚丁机场	未见	/
	甘孜格萨尔机场	11只（1次）	低
	甘孜康定机场	未见	/
6次	拉萨贡嘎机场	未见	/
	日喀则和平机场	未见	/
4次	昌都邦达机场	未见	/
	林芝米林机场	未见	/
	阿里昆莎机场	未见	/

成鸟

鉴别特征：喙部较长而下曲。颊和耳羽灰色，髭纹由黑色的点斑组成。上体灰色具粗著的黑褐色条纹。颏、喉和上胸灰色具细的黑色纵纹。

体型：体长♂ 32.3~34.0 cm，♀ 31.2~33.0 cm；体重 144~145 g。

生态习性：主要栖息于海拔 3300~3800 m 的高原河滩与沟谷地区的矮树丛和灌丛中。除繁殖期外，常成 5~6 只的小群。主要为地栖性，多在地上或低矮的灌丛中活动，有时也进入人类住宅附近。性活泼但甚怕人，大多数时候都躲藏在灌丛下活动和觅食，很少暴露在无任何隐蔽物的空旷地带。

生长繁殖：繁殖期 5—7 月。巢多置于灌木上。巢呈杯状，结构大而粗糙，主要由枯草茎、枯草叶、羊毛和草根等材料构成，内垫细草茎和草根。窝卵数 3 枚。

调查次数	机场名称	只数（调查到的次数）	鸟击风险
8 次	稻城亚丁机场	未见	/
	甘孜格萨尔机场	未见	/
	甘孜康定机场	未见	/
6 次	拉萨贡嘎机场	54 只（6 次）	低
	日喀则和平机场	25 只（4 次）	低
4 次	昌都邦达机场	未见	/
	林芝米林机场	11 只（3 次）	低
	阿里昆莎机场	未见	/

青藏高原机场鸟类识别与防控

156

青藏高原机场鸟种识别

彩翼噪鹛属

黑顶噪鹛 **Black-faced Laughingthrush** *Trochalopteron affine*　　三有动物；LC（无危）

成鸟 / 熊昊洋

鉴别特征：前额、脸、颊、喉黑色，头顶深棕橄榄褐色。背栗褐或棕褐色，额斑白色或棕红色，眼后缘和颈侧亦具白斑。飞羽金黄色具蓝灰色尖端。

体型：体长 ♂ 24.0~28.4 cm，♀ 22.8~27.0 cm；体重 ♂ 60~85 g，♀ 52~78 g。

生态习性：主要栖息于海拔 900~3400 m 的混交林、杜鹃林和刺柏林。除繁殖期间成对或单独活动外，其他季节多成小群。常在林下茂密的杜鹃灌丛或竹林中活动和觅食，在多岩石和苔藓的潮湿灌丛尤为常见，有时上到雪线以上的高山灌丛草甸地带。善鸣叫，鸣声宏亮动听，但较嘈杂。

生长繁殖：繁殖期 5—7 月。巢多置于林下或林缘灌丛中，距地 1~2 m。巢呈杯状，主要由苔藓、细枝、枯草茎等材料构成。窝卵数 2~3 枚。卵蓝色，钝端具少许粗著的紫黑色斑点。

调查次数	机场名称	只数（调查到的次数）	鸟击风险
8 次	稻城亚丁机场	未见	/
	甘孜格萨尔机场	未见	/
	甘孜康定机场	未见	/
6 次	拉萨贡嘎机场	未见	/
	日喀则和平机场	未见	/
4 次	昌都邦达机场	未见	/
	林芝米林机场	1 只（1 次）	低
	阿里昆莎机场	未见	/

成鸟

鉴别特征：具一条宽阔的暗栗色贯眼纹，从眼先直到耳羽，其上下各有一条白色眉纹和颊纹。头顶暗褐色，上下体羽大多灰橄榄褐色。飞羽外缘蓝灰色，基部暗棕色。尾羽暗灰褐色具细窄的黑褐色横斑和白色端斑，尾下覆羽栗红色。

体型：体长♂ 24.5~28.5 cm，♀ 24.0~26.0 cm；体重♂ 60~70 g，♀ 62~70 g。

生态习性：主要栖息于海拔 3200~3800 m 的森林和峡谷灌丛中，有时在人类聚集区也能看到。除繁殖期多成对或单独活动外，其他季节多成数只或 10 多只的小群。一般在地面和灌丛间活动、觅食，偶尔也见栖于乔木枝头，受惊后立刻落入地面灌丛中，行动极为迅速。极其喜欢鸣叫，常常一只鸣叫，其他个体亦跟着对鸣，前呼后应极为嘈杂。

生长繁殖：4 月中旬开始产卵。营巢于高山森林中，巢筑在树中较为隐蔽的位置，双亲共同参与筑巢。巢材选用干草、细枝、树皮、草根、草茎以及各种人类垃圾，如塑料薄膜、破布等，结构精细。窝卵数 2~3 枚。卵天蓝色，表面光滑，钝端具棕色斑点，其形状似碗。

调查次数	机场名称	只数（调查到的次数）	鸟击风险
8 次	稻城亚丁机场	未见	/
	甘孜格萨尔机场	13 只（2 次）	低
	甘孜康定机场	未见	/
6 次	拉萨贡嘎机场	105 只（6 次）	低
	日喀则和平机场	未见	/
4 次	昌都邦达机场	未见	/
	林芝米林机场	148 只（4 次）	中
	阿里昆莎机场	未见	/

橙翅噪鹛 **Elliot's Laughingthrush** *Trochalopteron elliotii*　　　　国家二级；LC（无危）

成鸟

鉴别特征：头顶深葡萄灰色或沙褐色。上体灰橄榄褐色。外侧飞羽外翈蓝灰色、基部橙黄色。喉、胸棕褐色，下腹和尾下覆羽砖红色。中央尾羽灰褐色，外侧尾羽外翈绿色而缘以橙黄色，并具白色端斑。

体型：体长♂ 20.9~29.0 cm，♀ 21.5~27.6 cm；体重♂ 51~75 g，♀ 49~72 g。

生态习性：主要栖息于海拔 1500~3400 m 的山地、高原森林与灌丛中，在西藏地区甚至可以分布到海拔 4200 m 的山地灌丛间。除繁殖期成对活动外，其他季节多成群。常在灌丛下部枝叶间跳跃、穿梭或飞进飞出，有时亦见在林下地上落叶层间活动和觅食。极喜鸣叫，一般集小群一齐鸣叫，前呼后应，非常嘈杂。在清晨和傍晚鸣叫频繁，叫声响亮动听。不常飞行，受惊后或快速落入灌丛深处，或从一灌丛飞向另一灌丛，一般不远飞。

生长繁殖：繁殖期4—7月。通常营巢于林下灌木丛中，巢多筑于灌木或幼树低枝上，距地高 0.5~0.7 m。巢呈碗状，外层主要由细枝、树皮、草茎、枯叶等材料构成，内垫细草茎和草根，有时还垫有细的藤条。窝卵数 2~3 枚。卵天蓝色或亮蓝绿色，钝端具稀疏的黑褐色斑点。

调查次数	机场名称	只数（调查到的次数）	鸟击风险
8 次	稻城亚丁机场	19 只（5 次）	低
	甘孜格萨尔机场	74 只（7 次）	低
	甘孜康定机场	1 只（1 次）	低
6 次	拉萨贡嘎机场	未见	/
	日喀则和平机场	未见	/
4 次	昌都邦达机场	未见	/
	林芝米林机场	未见	/
	阿里昆莎机场	未见	/

鸸科
Sittidae

小型的食虫鸟类。嘴长，强直而尖，呈锥状。后趾发达，远较内趾长，爪亦较长而锋利，适于在树干上攀援。

鸸科鸟类主要栖息于山地森林中。善攀援，可以在树干上垂直行走。主要以昆虫和虫卵为食，偶尔也啄食坚果。营巢于树洞中，多有以泥土涂抹洞口的习性。

鸸科鸟类喜单独活动，几乎整天在树干或岩壁上觅食，飞行高度低。综合评价其鸟击风险为"低"，无需特别关注。

共记录 1 属 1 种。

红翅旋壁雀 *Tichodroma muraria*

旋壁雀属

青藏高原机场鸟种识别

红翅旋壁雀 **Wallcreeper** *Tichodroma muraria*　　　　　三有动物；LC（无危）

成鸟 / 熊昊洋

鉴别特征：嘴细长而微向下弯。上体灰色。翅膀上具醒目的绯红色翼斑。雄鸟繁殖期颊、喉呈黑色，雌鸟黑色较少；非繁殖期颊、喉呈白色。

体型：体长♂ 12.0~17.8 cm，♀ 13.3~17.7 cm；体重♂ 15~23 g，♀ 16~23 g。

生态习性：主要栖息于峭壁和陡坡上，也见于平原山地。冬季多迁到海拔 500 m 以下的平原和低山地带，有时甚至出现在高大楼房的墙壁上。除繁殖期成对外，多单独活动。常沿着岩壁活动，啄食缝隙中的昆虫。觅食时常展开两翅，身体紧贴于岩壁，然后将细长而下曲的嘴伸进岩壁缝隙中取食昆虫，并不时地扇动两翅，以维持身体平衡。

生长繁殖：繁殖期4—7月。营巢于悬崖峭壁中的岩石缝隙中，主要由雌鸟营巢。巢主要由苔藓、草根、草茎等组成，内垫羽毛。窝卵数 4~5 枚。卵白色，具红褐色斑点。

调查次数	机场名称	只数（调查到的次数）	鸟击风险
8次	稻城亚丁机场	未见	/
	甘孜格萨尔机场	2只（2次）	低
	甘孜康定机场	未见	/
6次	拉萨贡嘎机场	未见	/
	日喀则和平机场	未见	/
4次	昌都邦达机场	未见	/
	林芝米林机场	未见	/
	阿里昆莎机场	未见	/

鹪鹩科
Troglodytidae

体型甚小的鸟类。嘴长直细窄。翼短圆。尾短小而柔软，常向上翘起。雌雄羽色相似，体羽多为棕褐、灰褐或黑褐色，并被有细的横斑或斑点。

鹪鹩科鸟类主要栖息于浓密林下的植被和针叶林中。性活泼而胆怯，常单独活动，多在灌丛下低枝处跳跃觅食。主要以昆虫为食。营巢于岩石缝隙、树洞或灌丛中。巢呈球状，入口在侧面。

鹪鹩科鸟类体型甚小，大多单独活动，喜溪流环境，飞行高度极低。综合评价其鸟击风险为"低"，无需特别关注。

共记录 1 属 1 种。

青藏高原机场鸟种识别

鹪鹩 *Troglodytes troglodytes*

鹪鹩属

鹪鹩 **Eurasian Wren** *Troglodytes troglodytes*　　　　　三有动物；LC（无危）

成鸟

鉴别特征：尾短小，常垂直上翘。体羽栗色，密布黑色细横纹。

体型：体长♂ 9.1~11.0 cm，♀ 8.4~10.5 cm；体重♂ 7~13 g，♀ 7~10 g。

生态习性：主要栖息于森林中，尤以潮湿阴暗、多倒木和枯枝落叶堆的环境常见。除繁殖期间成对和成家族群外，其他大部分时间都单独活动。性活泼而胆怯，善于藏匿。

生长繁殖：繁殖期 5—7 月。多营巢于树根、倒木、岩石缝隙或树洞中。巢呈球形，主要由苔藓构成，内垫羽毛。窝卵数 4~8 枚。卵白色，具红褐色斑点，尤以钝端较密。

调查次数	机场名称	只数（调查到的次数）	鸟击风险
8 次	稻城亚丁机场	1 只（1 次）	低
	甘孜格萨尔机场	未见	/
	甘孜康定机场	未见	/
6 次	拉萨贡嘎机场	未见	/
	日喀则和平机场	未见	/
4 次	昌都邦达机场	未见	/
	林芝米林机场	未见	/
	阿里昆莎机场	未见	/

河乌科
Cinclidae

水栖性的小型鸟类。喙部细窄而直。翼短圆，尾甚短，跗跖强健。体羽致密而紧实。

河乌科鸟类主要栖息于流速快的山间溪流。在水中捕食。食物主要为水生昆虫、软体动物、甲壳类以及水生脊椎动物。主要营巢于水边的岩石洞穴或树根下。

河乌科鸟类非常依赖溪流环境，飞行高度极低。综合评价其鸟击风险为"低"，无需特别关注。

共记录 1 属 2 种。

褐河乌 *Cinclus pallasii* / 熊昊洋

河乌属

河乌 **White-throated Dipper** *Cinclus cinclus* 　　　　三有动物；LC（无危）

成鸟 / 王辉

鉴别特征：全身除颏、喉、胸为白色外，其余体羽均为棕褐色。

体型：体长♂ 15.8~20.0 cm，♀ 15.8~19.6 cm；体重♂ 56~70 g，♀ 52~55 g。

生态习性：栖息于海拔 800~4500 m 的山区溪流与河谷，尤以流速较快、水质较好的水流较常见。尾常上翘或上下摆动，贴近水面飞行。亦能在水中游泳和潜入水底，并能在水底行走，甚至能逆水而行，游泳和潜水时主要靠两翼驱动。常单独或成对活动。

生长繁殖：繁殖期 5—7 月。多营巢于急流边的石隙中，也在河边洞穴或树根下营巢。巢呈球形或椭圆形，侧面开口。营巢主要由雌鸟承担，巢主要由苔藓、细根、枯草、树叶等材料构成，内垫羽毛和苔藓等柔软材料。窝卵数 3~7 枚。卵白色。

调查次数	机场名称	只数（调查到的次数）	鸟击风险
8次	稻城亚丁机场	未见	/
	甘孜格萨尔机场	1 只（1 次）	低
	甘孜康定机场	4 只（3 次）	低
6次	拉萨贡嘎机场	未见	/
	日喀则和平机场	未见	/
4次	昌都邦达机场	未见	/
	林芝米林机场	未见	/
	阿里昆莎机场	未见	/

成鸟 / 熊昊洋

鉴别特征：通体乌黑色，无白色的围兜。

体型：体长 ♂ 18.3~24.0 cm，♀ 19.0~23.5 cm；体重 ♂ 57~120 g，♀ 65~137 g。

生态习性：主要栖息于海拔 300~3500 m 的湍急溪流。常单独或成对活动。头和尾常不时上下摆动。觅食时多潜入水中，亦能在水底行走。飞行快速，两翅鼓动甚快，每次飞行距离短，一般紧贴水面低空飞行，飞行一段距离即落下，不做长距离飞行。

生长繁殖：繁殖期4—6月。营巢于河边石头缝或树根下。雌雄共同营巢，巢甚为隐蔽，主要由苔藓构成，杂有少许树叶和纤维，内垫细的草茎，有的还垫有兽毛和羽毛。巢为球形和卵圆形，侧面开口。窝卵数 4~5 枚。卵白色或淡黄白色。

调查次数	机场名称	只数（调查到的次数）	鸟击风险
8次	稻城亚丁机场	未见	/
	甘孜格萨尔机场	2只（2次）	低
	甘孜康定机场	未见	/
6次	拉萨贡嘎机场	未见	/
	日喀则和平机场	未见	/
4次	昌都邦达机场	未见	/
	林芝米林机场	未见	/
	阿里昆莎机场	未见	/

青藏高原机场鸟类识别与防控

165

青藏高原机场鸟种识别

青藏高原机场鸟种识别

鸫科
Turdidae

中型鸟类。喙部长而有力，翅膀较长。

鸫科鸟类栖息于各种生境当中。善于飞行，亦善于地面奔跑，主要以昆虫等无脊椎动物和浆果等水果为食。许多种类能发出悦耳的鸣叫，个别种类还可以模仿其他鸟类的鸣叫。巢为杯状，主要由纤维编织而成，并常用泥土加固和苔藓作装饰。

鸫科鸟类喜单独活动，有时会成小群，飞行高度较高，但在各机场调查到的数量较少。综合评价其鸟击风险为"低"，无需特别关注。

共记录 1 属 4 种。

灰头鸫 *Turdus rubrocanus* / 熊昊洋

白颈鸫 **White-collared Blackbird** *Turdus albocinctus*   三有动物；LC（无危）

成鸟♂   成鸟♀

　　鉴别特征：喙部及眼圈为黄色。雄鸟通体黑色或褐黑色，具白色颈环和上胸。雌鸟羽色暗淡偏褐色，颈环灰白色。

　　体型：体长♂ 24.2~26.5 cm，♀ 23.2~27.5 cm；体重♂ 60~95 g，♀ 75~106 g。

　　生态习性：繁殖期间主要栖息于海拔 2300~4300 m 的针阔叶混交林和针叶林中，冬季多下到山脚和邻近的平原地带。常单独或成对活动，冬季也和其他鸫类混群。

　　生长繁殖：繁殖期 5—7 月。通常营巢于林下高的灌木或幼树枝杈上，偶尔也在倒木或岩坡上营巢。巢呈碗状，主要由苔藓、根、枯叶构成，混杂有泥土。窝卵数 3~4 枚。

调查次数	机场名称	只数（调查到的次数）	鸟击风险
8 次	稻城亚丁机场	未见	/
	甘孜格萨尔机场	未见	低
	甘孜康定机场	未见	/
6 次	拉萨贡嘎机场	未见	/
	日喀则和平机场	未见	/
4 次	昌都邦达机场	未见	/
	林芝米林机场	20 只（2 次）	低
	阿里昆莎机场	未见	/

青藏高原机场
鸟类识别与防控

青藏高原机场鸟种识别

168

藏乌鸫 **Tibetan Blackbird** *Turdus maximus*　　　　　三有动物；LC（无危）

成鸟♂　　　　　　　　　　　　　　　　　　　成鸟♀

　　鉴别特征：雄鸟通体黑色，喙橙黄色。雌鸟通体深褐色。与乌鸫极其相似，但藏乌鸫无明显的黄色眼圈。

　　体型：体长 26.0~28.0 cm；体重约 98 g。

　　生态习性：栖息在海拔 3200~4800 m 的草地、石滩以及高山草甸上，冬季会下降到较低的海拔，但很少低于 3000 m。主要在地面觅食，常结成多达 10 只的群体一起觅食。

　　生长繁殖：繁殖期 5—7 月。通常营巢于刺柏和杜鹃丛中，也会在石头下、悬崖上或者岩石墙上筑巢。筑杯状巢，材料为泥土、动物毛发、草等。窝卵数 3~4 枚。卵灰褐色，较大，密被褐色斑点。

调查次数	机场名称	只数（调查到的次数）	鸟击风险
8 次	稻城亚丁机场	未见	/
	甘孜格萨尔机场	1 只（1 次）	低
	甘孜康定机场	未见	/
6 次	拉萨贡嘎机场	50 只（6 次）	低
	日喀则和平机场	2 只（2 次）	低
4 次	昌都邦达机场	未见	/
	林芝米林机场	未见	/
	阿里昆莎机场	未见	/

成鸟 / 熊昊洋

鉴别特征：整个头、颈和上胸褐灰色，两翅和尾黑色。上、下体羽栗棕色。颏灰白色，尾下覆羽黑色具白色羽轴纹和端斑。嘴、脚黄色。

体型：体长♂ 23.4~29.0 cm，♀ 23.6~28.5 cm；体重♂ 87~125 g，♀ 85~120 g。

生态习性：繁殖期间主要栖息于海拔 2000~3500 m 的山地阔叶林、针阔叶混交林、杂木林、竹林和针叶林中，尤以森林茂密的针叶林和针阔叶混交林较常见，冬季多下到低山林缘灌丛和山脚平原等开阔地带的树丛中活动，有时甚至进到村寨附近和农田地中。常单独活动，冬季也成群。多栖于乔木上，性胆怯而机警，遇人或有干扰立刻发出警报声。

生长繁殖：繁殖期 4—7 月。通常营巢于林下小树枝杈上，有时也营巢于陡峭的悬崖或岸边的洞穴中。巢呈杯状，主要由细树枝、苔藓、树根、枯草茎、叶等构成，内垫细草茎和毛发。窝卵数 3~4 枚。卵绿色，具淡红褐色斑点。

调查次数	机场名称	只数（调查到的次数）	鸟击风险
8 次	稻城亚丁机场	未见	/
	甘孜格萨尔机场	未见	/
	甘孜康定机场	1 只（1 次）	低
6 次	拉萨贡嘎机场	未见	/
	日喀则和平机场	未见	/
4 次	昌都邦达机场	未见	/
	林芝米林机场	未见	/
	阿里昆莎机场	未见	/

169

青藏高原机场鸟种识别

成鸟♂

鉴别特征：雄鸟整个头、颈、颊、喉、两翅和尾均为黑色。体羽其余部分为栗色，仅肩部皮黄白色延伸至胸部，在黑色的喉部与栗色的腹部之间形成一皮黄白色带，甚为醒目。雌鸟头颈橄榄褐色，两翅和尾暗褐色，其余体羽棕黄色。

体型：体长♂ 22.6~29.2 cm，♀ 24.0~29.0 cm；体重♂ 85~120 g，♀ 75~110 g。

生态习性：主要栖息于海拔 3000~4500 m 的高山高原地带，冬季下至海拔 2100 m 处并集群觅食。性沉静而机警，一般很少鸣叫，但遇到危险会发出大而刺耳的惊叫声。

生长繁殖：繁殖期 5—7 月。通常营巢于溪边岩隙中，巢主要由枯草茎、草叶、草根等构成，内垫毛发和鸟类羽毛。窝卵数 4~5 枚。

调查次数	机场名称	只数（调查到的次数）	鸟击风险
8次	稻城亚丁机场	1只（1次）	低
	甘孜格萨尔机场	74只（5次）	低
	甘孜康定机场	未见	/
6次	拉萨贡嘎机场	未见	/
	日喀则和平机场	未见	/
4次	昌都邦达机场	8只（2次）	低
	林芝米林机场	1只（1次）	低
	阿里昆莎机场	未见	/

青藏高原机场鸟类识别与防控

青藏高原机场鸟种识别

Muscicapidae

小型鸟类，包括各种鸲、鹟、鸫和燕尾。喙尖细，头圆。跗趾长，两翼宽阔。

鹟科鸟类主要栖息于森林和灌丛中，多为树栖性。主要以昆虫为食。不同种类的尾部长短不等，但大部分种类具不时翘尾的习性。常营巢于树枝间或灌丛中，有时也在树洞和岩穴中营巢。

鹟科鸟类喜单独活动，大多种类会占据自己的领域，喜在隐蔽处觅食或站在显眼处守护自己的领域，飞行高度也较低。综合评价其鸟击风险为"低"，无需额外关注。

共记录 4 属 12 种。

蓝额红尾鸲 *Phoenicurus frontalis* / 熊昊洋

172

> 野鸲属

白须黑胸歌鸲 **Chinese Rubythroat** *Calliope tschebaiewi*　　　　三有动物；LC（无危）

成鸟♂

鉴别特征： 雄鸟喉部深红色并具宽阔的黑色胸带和白色眉纹，上体纯灰色。下体偏白色。雌鸟体羽偏褐色，喉部白色，胸带灰色。原黑胸歌鸲亚种，但具白色髭纹。

体型： 体长♂ 13.5~16.1 cm，♀ 13.0~15.0 cm；体重♂ 20~26 g，♀ 18~26 g。

生态习性： 主要栖息于海拔 3000~4500 m 的灌丛草甸和针叶林中，冬季也下到山脚和低山地带。常单独或成对活动，性胆怯而机敏。多隐藏在林下灌丛中，善于在地上急走奔跑。常将尾翘到背上，有时又两翅下垂，尾稍微成扇形展开。繁殖期间善于鸣叫，雄鸟常站在灌丛顶端或岩石上鸣叫，声音极为婉转、悦耳，且富有颤音。

生长繁殖： 繁殖期 6—8 月。通常繁殖于海拔 3000~4500 m 的矮曲林、灌丛地带。筑巢主要由雌鸟承担，营巢于灌丛或树根间。巢半球形或球形，结构较为粗糙，主要由枯草茎和枯草叶编织而成。窝卵数 3~5 枚。卵淡蓝色，偶尔也有细小的红褐色斑点。

调查次数	机场名称	只数（调查到的次数）	鸟击风险
8 次	稻城亚丁机场	未见	/
	甘孜格萨尔机场	未见	/
	甘孜康定机场	未见	/
6 次	拉萨贡嘎机场	未见	/
	日喀则和平机场	未见	/
4 次	昌都邦达机场	未见	/
	林芝米林机场	未见	/
	阿里昆莎机场	1 只（1 次）	低

红尾鸲属

赭红尾鸲 Black Redstart *Phoenicurus ochruros*   三有动物；LC（无危）

成鸟♂ / 周华明

鉴别特征： 雄鸟前额、头侧、颈侧、颏至胸均为黑色，头顶和背灰色。腰、尾上覆羽及尾下覆羽、外侧尾羽和腹栗棕色，中央尾羽褐色，两翅黑褐色。雌鸟上体和两翅淡褐色，尾上覆羽和外侧尾羽淡棕色，中央尾羽褐色，下体浅棕褐色。

体型： 体长♂ 12.7~16.5 cm，♀ 12.8~15.2 cm；体重♂ 14~24 g，♀ 17~24 g。

生态习性： 主要栖息于海拔 2500~4500 m 的开阔地带。除繁殖期成对外，平时多单独活动。喜从停歇处飞出捕食，常点头摆尾。并足跳跃或快速奔跑，站姿高挺。

生长繁殖： 繁殖期 5—7 月。营巢主要由雌鸟承担，雄鸟多站在巢域灌木或石头上鸣叫。通常营巢于林下灌丛或洞穴中。巢呈杯状，结构较为松散，主要由根、茎、叶和苔藓编织而成，内垫细草茎。窝卵数 4~6 枚。卵淡绿蓝色，光滑无斑或具少许稀疏的黑褐色斑点。

调查次数	机场名称	只数（调查到的次数）	鸟击风险
8 次	稻城亚丁机场	1 只（1 次）	低
	甘孜格萨尔机场	13 只（3 次）	低
	甘孜康定机场	3 只（1 次）	低
6 次	拉萨贡嘎机场	未见	/
	日喀则和平机场	未见	/
4 次	昌都邦达机场	未见	/
	林芝米林机场	未见	/
	阿里昆莎机场	7 只（2 次）	低

黑喉红尾鸲 **Hodgson's Redstart** *Phoenicurus hodgsoni*　　　　三有动物；LC（无危）

成鸟♂　　　　　　　　　　　　　　　　　　成鸟♀

鉴别特征：雄鸟前额至枕部浅灰色；上背深灰色，腰至尾羽栗棕色；两翅暗褐色，有明显的白色翼斑；整个脸颊一直到上胸概为黑色，其余下体棕色或栗色。雌鸟上体灰褐色，飞羽暗褐色；下体灰褐色微沾棕色，尾下覆羽棕色。

体型：体长♂ 13.0~16.2 cm，♀ 13.2~16.0 cm；体重♂ 15~25 g，♀ 17~23 g。

生态习性：主要栖息于海拔 2000~4000 m 的高山和高原地带，秋冬季节多下到中低山和山脚地带。常单独或成对活动。停栖时尾常不停地上下摆动。

生长繁殖：繁殖期 5—7 月。营巢于山边岩石、崖壁、岸边陡崖和墙壁等人类建筑物上的洞和缝穴中。巢为盘状或浅杯状，主要由草根、草茎、草叶和苔藓构成，内垫羊毛和兽毛。窝卵数 4~6 枚。卵蓝色。

调查次数	机场名称	只数（调查到的次数）	鸟击风险
8 次	稻城亚丁机场	1 只（1 次）	低
	甘孜格萨尔机场	14 只（3 次）	低
	甘孜康定机场	2 只（1 次）	低
6 次	拉萨贡嘎机场	未见	/
	日喀则和平机场	未见	/
4 次	昌都邦达机场	未见	/
	林芝米林机场	2 只（1 次）	低
	阿里昆莎机场	未见	/

成鸟♂　　　　　　　　　　　　　　　　　　　　　成鸟♀

鉴别特征：雄鸟顶冠和枕部深灰蓝色，额部和眉纹亮蓝色；背部灰黑色，背部下方棕色；两翅黑色，具一明显的长白斑；喉部有一小白斑，其余下体橙棕色。雌鸟上体橄榄褐沾灰，腰和尾上覆羽橙棕色；翅暗褐色具白斑；下体褐灰色沾棕。

体型：体长♂ 13.8~16.0 cm，♀ 14.0~15.8 cm；体重♂ 14~28 g，♀ 16~22 g。

生态习性：繁殖期间主要栖息于海拔 2000~4000 m 的高山针叶林以及林线以上的疏林灌丛和沟谷灌丛中，冬季常下到中低山和山脚地带活动。常单独或成对活动。停栖时常上下摆动尾巴。

生长繁殖：繁殖期 5—7 月。营巢于树洞、岩壁洞穴及河岸坡洞中。巢呈杯状，主要由枯草和苔藓构成，有时内垫细草和羽毛等柔软材料。窝卵数 3~4 枚。卵粉红色，具褐色斑点。

调查次数	机场名称	只数（调查到的次数）	鸟击风险
8 次	稻城亚丁机场	1 只（1 次）	低
	甘孜格萨尔机场	11 只（3 次）	低
	甘孜康定机场	未见	/
6 次	拉萨贡嘎机场	未见	/
	日喀则和平机场	未见	/
4 次	昌都邦达机场	未见	/
	林芝米林机场	未见	/
	阿里昆莎机场	未见	/

北红尾鸲 **Daurian Redstart** *Phoenicurus auroreus*　　　　　　三有动物；LC（无危）

成鸟♂　　　　　　　　　　　　　　　　　　　　　　　　　成鸟♀

　　鉴别特征：雄鸟头顶至枕部石板灰色，下背黑色；两翅黑色，具明显的白色翅斑；脸颊至上胸概为黑色，其余下体橙棕色。雌雄性尾羽除中央一对尾羽全黑色，最外侧一对尾羽边缘沾黑色外，均为橙棕色。雌鸟上体橄榄褐色，两翅棕褐色具白斑，下体暗黄褐色。

　　体型：体长♂ 12.8~15.9 cm，♀ 12.7~15.7 cm；体重♂ 14~22 g，♀ 13~20 g。

　　生态习性：夏季栖息于亚高山森林、灌丛和林间空地。冬季则栖息于低海拔落叶灌丛和耕地。常单独或成对活动。停歇时常不断地上下摆尾和点头。

　　生长繁殖：繁殖期4—7。营巢环境多样，大量营巢于人类建筑物上，也营巢于树洞、岩洞、树根下和土坎坑穴中。巢呈杯状，主要由苔藓、树皮、细草茎、草根、草叶等材料构成，有的还掺杂麻、地衣、角瓜藤、棉花等材料。内垫各种柔软材料。窝卵数6~8枚。卵有鸭蛋青色、白色等不同色型，具红褐色斑点。

调查次数	机场名称	只数（调查到的次数）	鸟击风险
8次	稻城亚丁机场	61只（1次）	低
	甘孜格萨尔机场	8只（3次）	低
	甘孜康定机场	3只（2次）	低
6次	拉萨贡嘎机场	6只（2次）	低
	日喀则和平机场	未见	/
4次	昌都邦达机场	4只（1次）	低
	林芝米林机场	20只（3次）	低
	阿里昆莎机场	未见	/

红腹红尾鸲 **White-winged Redstart** *Phoenicurus erythrogastrus*　　三有动物；LC（无危）

成鸟♂

177

　　鉴别特征：雄鸟头顶至枕白色，翅上有大型白斑，其余下体为橙棕色。雌鸟烟灰褐色，腰至尾上覆羽和尾羽棕色，下体浅棕灰色。

　　体型：体长♂ 16.0~19.0 cm，♀ 15.5~18.0 cm；体重♂ 25~31 g，♀ 22~28 g。

　　生态习性：夏季主要栖息于海拔 4000~5500 m 开阔多岩高山旷野中，耐寒和适应力极强。雌鸟冬季常下至较低海拔处，雄鸟则在高海拔游荡。除繁殖期成对外，多单独活动，有时也成小群。雄鸟在繁殖期常两翼抖动，露出白色翼斑。

　　生长繁殖：繁殖期 6—7 月。通常营巢于海拔 4000 m 以上的高山苔原地带，尤以多岩石的森林上缘和苔原地带较为多见。巢多置于岩石下的地洞或缝隙中。巢呈杯状，主要由枯草和苔藓编织而成，内垫羊毛、牛毛和羽毛等。窝卵数 3~5 枚。卵白色，具淡棕色或红色斑点。

调查次数	机场名称	只数（调查到的次数）	鸟击风险
8次	稻城亚丁机场	2 只（2 次）	低
	甘孜格萨尔机场	6 只（2 次）	低
	甘孜康定机场	5 只（1 次）	低
6次	拉萨贡嘎机场	1 只（1 次）	低
	日喀则和平机场	未见	/
4次	昌都邦达机场	2 只（1 次）	低
	林芝米林机场	未见	/
	阿里昆莎机场	4 只（1 次）	低

蓝额红尾鸲 **Blue-fronted Redstart** *Phoenicurus frontalis*　　　　　三有动物；LC（无危）

成鸟♂ / 熊昊洋　　　　　　　　　　　　　　　　　　　　　　成鸟♀

鉴别特征：雄鸟前额亮蓝色，头颈、背、颊、喉、胸概为黑色沾蓝；两翅暗褐色，其余上下体羽橙棕色；中央尾羽黑色，外侧尾羽具黑色端斑。雌鸟上下体羽均暗褐色，但下体和两翅、尾以及腰部稍淡，外侧尾羽亦具黑色端斑。

体型：体长♂ 14.0~16.5 cm，♀ 14.2~15.5 cm；体重♂ 15~25 g，♀ 14~20 g。

生态习性：繁殖期间主要栖息于海拔 2000~4200 m 的亚高山针叶林和高山灌丛草甸。冬季多下到中低山和山脚地带，在迁徙季，在城市的绿地公园也能看到。常单独或成对活动。喜停歇在某处安静地寻找猎物，停栖时尾不断地上下摆动。除在地上觅食外，也常在空中捕食。

生长繁殖：繁殖期 5—8 月。营巢由雌鸟承担，通常于倒木下或岩石下的洞中筑巢。巢呈杯状，主要由苔藓和枯草构成，内垫毛发和羽毛。窝卵数 3~4 枚。卵暗粉红色，具淡红褐色斑点。

调查次数	机场名称	只数（调查到的次数）	鸟击风险
8 次	稻城亚丁机场	6 只（2 次）	低
	甘孜格萨尔机场	2 只（2 次）	低
	甘孜康定机场	8 只（2 次）	低
6 次	拉萨贡嘎机场	23 只（3 次）	低
	日喀则和平机场	10 只（3 次）	低
4 次	昌都邦达机场	7 只（2 次）	低
	林芝米林机场	未见	/
	阿里昆莎机场	1 只（1 次）	低

成鸟♂ 成鸟♀

鉴别特征：雄鸟通体暗蓝灰色，两翅黑褐色，尾红色。雌鸟上体暗灰褐色，尾基部白色，翅褐色具两道白色点状斑，下体灰色具白色斑。

体型：体长♂ 11.7~14.0 cm，♀ 11.0~13.7 cm；体重♂ 17~28 g，♀ 15~24 g。

生态习性：主要栖息于山地溪流与河谷沿岸。常单独或成对活动，多站立在水边或水中石头上。停立时尾不断地上下摆动，偶尔还将尾散成扇状，并左右来回摆动。当发现水面或地上有虫子时，则急速飞去捕食，捕食后又飞回原处。有时也在地上快速奔跑啄食昆虫。当有人干扰时，则紧贴水面沿河飞行。

生长繁殖：繁殖期3—7月，部分个体1年繁殖2窝。营巢主要由雌鸟承担，雄鸟偶尔参与营巢活动。通常于河谷与溪流岸边筑巢。巢呈杯状或碗状，主要由枯草茎、枯草叶、草根、细的枯枝、树叶、苔藓、地衣等材料构成，内垫细草茎和草根，有时垫有羊毛、纤维和羽毛。窝卵数3~6枚，卵呈白色或黄白色，也有呈淡绿色或蓝绿色的，具褐色或淡赭色斑点。

调查次数	机场名称	只数（调查到的次数）	鸟击风险
8次	稻城亚丁机场	未见	/
	甘孜格萨尔机场	3只（1次）	低
	甘孜康定机场	未见	/
6次	拉萨贡嘎机场	未见	/
	日喀则和平机场	未见	/
4次	昌都邦达机场	未见	/
	林芝米林机场	7只（2次）	低
	阿里昆莎机场	未见	/

白顶溪鸲 **White-capped Water-redstart** *Phoenicurus leucocephalus* 　三有动物；LC（无危）

成鸟

鉴别特征：头顶白色，腰、尾上覆羽、尾羽和腹均为栗红色，尾具宽阔的黑色端斑，其余体羽黑色。

体型：体长♂ 15.6~20.2 cm，♀ 15.7~18.3 cm；体重♂ 22~48 g，♀ 27~40 g。

生态习性：主要栖息于山地溪流与河谷沿岸。冬季多在低山山脚地带活动，夏季多上到海拔 1500 m 以上的中高山地区。常单独或成对活动，有时亦见 3~5 只成群在一起。尾常呈扇形散开，并不停地上下摆动。受惊时会快速飞起，通常沿水面低空飞行。飞行能力不强，每次飞不多远就会落下。

生长繁殖：繁殖期 4—7 月，通常营巢于树根下或石隙间。巢呈碗状或杯状，主要由枯草茎、草叶、草根、须根、苔藓和树叶等材料构成，内垫毛发、兽毛或羽毛。窝卵数 3~4 枚。卵浅蓝色或蓝绿色，具红褐色斑点。

调查次数	机场名称	只数（调查到的次数）	鸟击风险
8 次	稻城亚丁机场	10 只（3 次）	低
	甘孜格萨尔机场	11 只（4 次）	低
	甘孜康定机场	5 只（3 次）	低
6 次	拉萨贡嘎机场	未见	/
	日喀则和平机场	未见	/
4 次	昌都邦达机场	未见	/
	林芝米林机场	1 只（1 次）	低
	阿里昆莎机场	未见	/

石䳍属

黑喉石䳍 **Siberian Stonechat** *Saxicola maurus*　　　　　　三有动物；LC（无危）

成鸟♂　　　　　　　　　　　　　　　　　　　　成鸟♀

鉴别特征：雄鸟头部黑色，上体黑褐色，腰白色，颈侧和肩有白斑；颊、喉黑色，胸锈红色，腹浅棕色或白色。雌鸟羽色较暗无黑色，上体灰褐色；喉近白色，其余下体皮黄色；其余和雄鸟相似。

体型：体长♂ 11.8~14.6 cm，♀ 11.5~14.0 cm；体重♂ 12~22 g，♀ 12~24 g。

生态习性：喜农田、庭院和次生灌丛等开阔生境，是一种分布广、适应性强的灌丛草地鸟类。常单独或成对活动。喜停歇于突出的低矮树枝，俯冲至地面捕捉猎物。有时亦能鼓动着翅膀停留在空中，或做直上直下的垂直飞行。

生长繁殖：繁殖期4—7月。营巢全由雌鸟承担，通常于土坎或塔头墩下筑巢。巢呈碗状或杯状，主要由枯草、细根、苔藓、灌木叶等材料构成，外层较粗糙，内层编织较为精致，内垫野猪毛、狍子毛、马毛等兽毛和鸟类羽毛。窝卵数5~8枚。卵淡绿色、蓝绿色或鸭蛋青色，具红褐色或锈红色斑点。

调查次数	机场名称	只数（调查到的次数）	鸟击风险
8次	稻城亚丁机场	未见	/
	甘孜格萨尔机场	3只（1次）	低
	甘孜康定机场	9只（2次）	低
6次	拉萨贡嘎机场	未见	/
	日喀则和平机场	未见	/
4次	昌都邦达机场	未见	/
	林芝米林机场	未见	/
	阿里昆莎机场	未见	/

成鸟♂ / 熊昊洋

鉴别特征：雄鸟上体暗灰色具黑褐色纵纹，白色眉纹长而显著，两翅黑褐色具白色斑纹，下体白色，胸和两胁烟灰色。雌鸟上体红褐色微具黑色纵纹，下体颊、喉白色，其余下体棕白色。

体型：体长 11.5~15.0 cm；体重 11~21 g。

生态习性：主要栖息于海拔 3000 m 以下的开阔灌丛和农田耕地。冬季也下到山脚平原地带。常单独或成对活动，有时亦集成 3~5 只的小群。常停息在灌木或小树顶枝上，有时也停栖在电线和居民点附近的篱笆上，当发现地面有昆虫时，则立刻飞下捕食，也能在空中飞捕昆虫。

生长繁殖：繁殖期 5—7 月。营巢主要由雌鸟承担，通常于地上草丛或灌丛中筑巢。巢呈杯状，主要由苔藓、细草茎和草根等材料编织而成，巢内垫有须根和细草茎，有时也垫兽毛和羽毛。窝卵数 4~5 枚。卵淡蓝色、绿色或蓝白色，具红褐色斑点。

调查次数	机场名称	只数（调查到的次数）	鸟击风险
8 次	稻城亚丁机场	未见	/
	甘孜格萨尔机场	未见	/
	甘孜康定机场	5 只（1 次）	低
6 次	拉萨贡嘎机场	未见	/
	日喀则和平机场	未见	/
4 次	昌都邦达机场	未见	/
	林芝米林机场	未见	/
	阿里昆莎机场	未见	/

鹏属

漠鹏 **Desert Wheatear** *Oenanthe deserti*　　　　　　　　三有动物；LC（无危）

成鸟♂

鉴别特征：雄鸟眼纹白色，眉纹以下整个脸和头侧以及颊、喉黑色；上体沙棕色，腰和尾上覆羽白色；两翅和尾黑色，尾基部白色；其余下体白色。雌鸟和雄鸟大致相似，但颊、喉白色，脸和头侧亦不为黑色而呈暗棕褐色。

体型：体长 14~15 cm；体重 15~34 g。

生态习性：主要栖息于干旱荒漠平原、戈壁沙丘、荒漠地带。常单独或成对活动。地栖性，多在地上快速奔跑觅食，有时亦站在石头上或灌木上注视四周，当发现地面或空中有食物时，则急速飞去捕食。站立时常上下摆尾。

生长繁殖：繁殖期 5—8 月。通常营巢于岩隙和废弃的鼠类洞中。巢呈碗状，主要由枯草茎、草根、草叶、羊毛等材料构成。窝卵数 4~6 枚。卵淡蓝色或翠蓝绿色，具少许褐色斑点。

调查次数	机场名称	只数（调查到的次数）	鸟击风险
8 次	稻城亚丁机场	未见	/
	甘孜格萨尔机场	未见	/
	甘孜康定机场	未见	/
6 次	拉萨贡嘎机场	未见	/
	日喀则和平机场	1 只（1 次）	低
4 次	昌都邦达机场	未见	/
	林芝米林机场	未见	/
	阿里昆莎机场	22 只（4 次）	低

青藏高原机场鸟种识别

184

小型鸟类。喙细而尖，尾较翅短。

岩鹨科鸟类主要栖息于高山灌丛、裸岩与荒漠地带。大部分种类在冬季集群。主要在地上步行或跳跃，炫耀表演时会快速振翅并摆尾。主要以各种昆虫和果实为食。营巢于岩石间或灌草丛。

岩鹨科鸟类喜地面活动，很少飞行，飞行高度也较低。综合评价其鸟击风险为"低"，无需特别关注。

共记录 1 属 3 种。

鸲岩鹨 *Prunella rubeculoides*

鸲岩鹨 **Robin Accentor** *Prunella rubeculoides*　　　　　三有动物；LC（无危）

成鸟

鉴别特征：头灰棕色，背、肩、腰棕褐色具黑色纵纹。两翅褐色，翅上有白色翅斑。颊、喉沙褐色，胸锈棕色，其余下体白色。

体型：体长♂ 14.1~17.1 cm；♀ 15.0~16.0 cm；体重♂ 15~35 g，♀ 22~23 g。

生态习性：主要栖息于海拔 3000~5000 m 的高山灌丛、草甸、草坡、河滩和高原耕地、牧场、土坎等高寒山地生境中。除繁殖期成对或单独活动外，其他季节多成群。常活动在生长有灌丛的河谷和岩石、草地生境，善于在地上奔跑觅食。

生长繁殖：繁殖期 5—7 月。营巢于地上灌木丛中，巢呈碗状，主要由枯草、地衣、羊毛、羽毛构成，内层和内垫物主要为羊毛和羽毛。卵绿蓝色。

调查次数	机场名称	只数（调查到的次数）	鸟击风险
8 次	稻城亚丁机场	14 只（2 次）	低
	甘孜格萨尔机场	64 只（3 次）	低
	甘孜康定机场	1 只（1 次）	低
6 次	拉萨贡嘎机场	20 只（1 次）	低
	日喀则和平机场	未见	/
4 次	昌都邦达机场	2 只（1 次）	低
	林芝米林机场	未见	/
	阿里昆莎机场	未见	/

186

成鸟　　　　　　　　　　　　　　　　　　成鸟

　　鉴别特征：眉纹前段白色、较窄，后段棕红色、较宽阔。上体棕褐色具宽阔的黑色纵纹。颈侧灰色具黑色纵纹，颊、喉白色具黑褐色圆形斑点。胸棕红色，呈带状，胸以下白色具黑色纵纹。

　　体型：体长♂ 13.0~15.6 cm，♀ 12.4~15.3 cm；体重♂ 15~22 g，♀ 15~22 g。

　　生态习性：繁殖期间栖息于海拔 1800~4500 m 的灌丛和草地，冬季多下到海拔 1500~3000 m 的中低山地区。除繁殖期成对或单独活动外，其他季节多成家族群或小群活动。

　　生长繁殖：繁殖期 6—7 月。通常营巢于灌丛中，巢呈碗状，主要由枯草和苔藓构成，有时掺杂树叶，内垫兽毛和羊毛。窝卵数 3~6 枚。卵天蓝色，光滑无斑，有的微被褐色小斑点。

调查次数	机场名称	只数（调查到的次数）	鸟击风险
8 次	稻城亚丁机场	11 只（2 次）	低
	甘孜格萨尔机场	22 只（3 次）	低
	甘孜康定机场	3 只（1 次）	低
6 次	拉萨贡嘎机场	10 只（1 次）	低
	日喀则和平机场	3 只（1 次）	低
4 次	昌都邦达机场	未见	/
	林芝米林机场	未见	/
	阿里昆莎机场	未见	/

成鸟

鉴别特征：头褐色，有一长而宽的皮黄色眉纹从嘴基延伸到后枕，在暗色的头部极为醒目。背、肩灰褐色具暗褐色纵纹。颏、喉白色，其余下体淡棕黄色。

体型：体长♂ 14.8~16.4 cm，♀ 12.6~14.4 cm；体重♂ 18~19 g，♀ 14~18 g。

生态习性：主要栖息于海拔 2500~4500 m 的开阔高海拔山坡和碎石带，尤其喜欢在有零星灌木生长的多岩高原草地活动。繁殖期间常单独或成对活动，非繁殖期则多成群。地栖性，主要在地面、岩石上或灌丛中活动、觅食。

生长繁殖：繁殖期 5—7 月。营巢于岩石下、土堆旁和灌木丛中。巢呈杯状，主要由枯草和苔藓构成。窝卵数 4~5 枚。卵淡蓝色。

调查次数	机场名称	只数（调查到的次数）	鸟击风险
8 次	稻城亚丁机场	28 只（3 次）	低
	甘孜格萨尔机场	2 只（2 次）	低
	甘孜康定机场	44 只（2 次）	低
6 次	拉萨贡嘎机场	36 只（2 次）	低
	日喀则和平机场	10 只（1 次）	低
4 次	昌都邦达机场	1 只（1 次）	低
	林芝米林机场	未见	/
	阿里昆莎机场	未见	/

青藏高原机场鸟种识别

雀科
Passeridae

　　小型的群居鸟类，包括麻雀和雪雀。喙粗短，略呈圆锥状。脚强壮。尾为方形或楔形。

　　雀科鸟类主要栖息于开阔的次生林、灌丛和人类聚集区。多结群生活。主要以谷粒、草子和植物种子为食，繁殖期间也吃昆虫。

　　雀科鸟类喜集成大群活动，飞行高度适中，且在各机场调查到的数量均很大。综合评价其鸟击风险为"中"至"极高"，发现成大群活动时应立即采取行动进行驱离。

　　共记录4属6种。

白腰雪雀 Onychostruthus taczanowskii

麻雀属

家麻雀 **House Sparrow** *Passer domesticus*　　　　　三有动物；LC（无危）

成鸟♂（左）♀（右）

鉴别特征：头顶和腰灰色，背栗红色具黑色纵纹。颊、喉和上胸黑色，脸颊白色。其余下体白色，翅上具白斑。

体型：体长♂ 13.6~16.0 cm，♀ 13.6~14.8 cm；体重♂ 16~30 g，♀ 24~30 g。

生态习性：主要栖息活动于人类居住环境及其附近的树林、灌丛、荒漠和草甸上。冬季常迁到低海拔地区。喜结群，多在农田、房舍和林缘与灌丛中活动、觅食。

生长繁殖：繁殖期4—8月，1年繁殖1~2窝。筑巢地点广泛，屋檐下、砌砖空隙、灌木丛等。家麻雀争夺领域的行为极具侵略性，常常驱离已经筑巢的鸟，有时甚至直接将巢筑在被驱离鸟已经建好的巢上。窝卵数5~7枚。卵乳白色或淡灰蓝色，具黄色、褐色或灰色斑。

调查次数	机场名称	只数（调查到的次数）	鸟击风险
8次	稻城亚丁机场	未见	/
	甘孜格萨尔机场	3只（1次）	中
	甘孜康定机场	未见	/
6次	拉萨贡嘎机场	未见	/
	日喀则和平机场	未见	/
4次	昌都邦达机场	未见	/
	林芝米林机场	64只（2次）	高
	阿里昆莎机场	未见	/

青藏高原机场鸟种识别

成鸟♂　　　　　　　　　　　　　　　成鸟♀

　　鉴别特征： 雄鸟上体栗红色，头侧白色，颊、喉黑色，其余下体灰白色或灰白色沾黄。雌鸟上体褐色具宽阔的皮黄色眉纹，颏、喉无黑色。

　　体型： 体长♂ 12.0~14.0 cm，♀ 11.3~13.8 cm；体重♂ 15~21 g，♀ 16~29 g。

　　生态习性： 栖息于海拔1500 m以下的低山丘陵和山脚平原地带的各类森林和灌丛中。性喜结群，除繁殖期单独或成对活动外，其他季节多成小群。

　　生长繁殖： 繁殖期4—8月，1年繁殖2~3窝。通常营巢于山坡岩壁的天然洞穴中，也会筑巢在堤坝、桥梁、房檐和墙壁的洞穴中。巢主要由枯草叶、草茎和细枝构成，内垫羊毛、羽毛等。窝卵数4~6枚。卵白色或浅灰色，具茶褐色或褐色斑点。

调查次数	机场名称	只数（调查到的次数）	鸟击风险
8次	稻城亚丁机场	未见	/
	甘孜格萨尔机场	未见	/
	甘孜康定机场	未见	/
6次	拉萨贡嘎机场	7只（2次）	中
	日喀则和平机场	89只（6次）	中
4次	昌都邦达机场	未见	/
	林芝米林机场	6只（2次）	中
	阿里昆莎机场	未见	/

成鸟

鉴别特征：额、头顶至后颈栗褐色，头侧白色，耳部有一黑斑。背沙褐色具黑色纵纹。颊、喉黑色，其余下体污白色沾有褐色。

体型：体长♂ 11.5~15.0 cm，♀ 11.6~14.7 cm；体重♂ 16~24 g，♀ 17~23 g。

生态习性：在我国分布广、数量多和最为常见的一种鸟类，主要栖息在人类居住环境中。性喜成群，除繁殖期外，常成群活动，有时集群多达数百只甚至上千只。性活泼，会频繁地在地上奔跑。若有惊扰，会立刻成群飞至房顶或树上，一般飞行距离不远，高度也不高，待威胁离去后又飞回原来的活动地点。。

生长繁殖：繁殖期3—8月。1年繁殖2~3次，也有多至4次和少至1次的。营巢于村庄、城镇等人类居住地的房屋缝隙或空调孔洞中。营巢材料主要是枯草、茎、根等，内垫羽毛。雌雄亲鸟共同参与营巢活动，通常就近采集营巢材料。卵的颜色变化较大，有白色、灰白色、白色稍沾灰，具黄褐色或紫褐色斑点；也有卵呈灰色或淡褐色的，具黑褐色斑点。

调查次数	机场名称	只数（调查到的次数）	鸟击风险
8次	稻城亚丁机场	未见	/
	甘孜格萨尔机场	395只（8次）	极高
	甘孜康定机场	64只（3次）	高
6次	拉萨贡嘎机场	498只（6次）	高
	日喀则和平机场	644只（6次）	极高
4次	昌都邦达机场	5只（1次）	高
	林芝米林机场	2只（1次）	高
	阿里昆莎机场	5只（2次）	高

雪雀属

褐翅雪雀 Black-winged Snowfinch *Montifringilla adamsi*　　三有动物；LC（无危）

成鸟 / 周华明

鉴别特征：上体灰褐色具暗色羽干纹。翅上有一明显的白色翅斑。中央尾羽黑色，外侧尾羽白色。下体白色沾黄褐色。颊、喉有黑斑。

体型：体长♂ 14.7~18.2 cm，♀ 14.0~17.1cm；体重♂ 20~36 g，♀ 20~31 g。

生态习性：主要栖息于海拔 3000~4500 m 的高海拔裸岩地带，夏季有时甚至上到海拔 5000 m 左右。多活动在多岩石的高山草地、草原和有稀疏植物的荒漠与半荒漠地区，冬季多在沟谷和低凹的山沟地带，有时也进到居民点附近。常成对或成小群活动，秋、冬季节集群较大，有时多达百只以上。多在地上活动，奔跑迅速，行动敏捷。有时也飞翔，多贴地面低空飞行，飞不多远又落下。

生长繁殖：繁殖期6—8月。营巢于岩洞和动物废弃的洞中，巢主要由草叶和草茎构成，有时也杂以一些草根和废物，内垫兽毛和鸟类羽毛。营巢由雌雄亲鸟共同进行，巢筑好后即开始产卵。窝卵数 3~4 枚。卵淡白色，光滑无斑。

调查次数	机场名称	只数（调查到的次数）	鸟击风险
8次	稻城亚丁机场	2只（1次）	中
	甘孜格萨尔机场	3只（1次）	中
	甘孜康定机场	1只（1次）	中
6次	拉萨贡嘎机场	未见	/
	日喀则和平机场	未见	/
4次	昌都邦达机场	未见	/
	林芝米林机场	未见	/
	阿里昆莎机场	未见	/

高原雀属

白腰雪雀 **White-rumped Snowfinch** *Onychostruthus taczanowskii*　　三有动物；LC（无危）

成鸟　　　　　　　　　　　　　　　　　　　　　　　　　　成鸟

193

　　鉴别特征：额和眉纹白色，眼先黑色。上体灰褐色，腰白色。两翅黑褐色，翅上有大块白斑。下体白色。尾黑褐色，外侧尾羽具白色端斑。

　　体型：体长 ♂ 14.0~18.2 cm，♀ 13.0~16.5 cm；体重 ♂ 20~43 g，♀ 20~40 g。

　　生态习性：栖息于海拔 3000~4500 m 的荒漠和半荒漠地带。成对或成小群活动。冬季进行小范围的游荡或垂直迁徙。善于在地上奔跑、跳跃。飞翔甚有力，但飞行高度较低，通常离地 10 m 左右。会集群栖息于鼠兔群居处，利用鼠兔洞穴躲避天敌和繁殖。

　　生长繁殖：繁殖期 5—8 月。繁殖期间雌雄鸟甚为活跃，雄鸟常围绕着雌鸟鸣叫，并相互追逐。营巢于岩石洞穴、废弃房屋墙洞和鼠兔废弃的洞穴中。巢由枯草茎叶构成，内垫羊毛、鼠毛等兽毛和鸟类羽毛。窝卵数 4~6 枚。卵纯白色。

调查次数	机场名称	只数（调查到的次数）	鸟击风险
8 次	稻城亚丁机场	未见	/
	甘孜格萨尔机场	未见	/
	甘孜康定机场	未见	/
6 次	拉萨贡嘎机场	未见	/
	日喀则和平机场	未见	/
4 次	昌都邦达机场	251 只（4 次）	中
	林芝米林机场	未见	/
	阿里昆莎机场	未见	/

青藏高原机场鸟种识别

黑喉雪雀属

棕颈雪雀 **Rufous-necked Snowfinch** *Pyrgilauda ruficollis*　　三有动物；LC（无危）

成鸟

鉴别特征：前额灰白色，眉纹白色具黑色贯眼纹。上体灰褐色或沙褐色，具黑褐色纵纹。后颈、颈侧和胸侧棕色。下体白色，喉侧有两条分开的黑褐色纵纹。

体型：体长♂ 13.0~16.1 cm，♀ 12.5~15.3 cm；体重♂ 15~32 g，♀ 15~34 g。

生态习性：主要栖息于海拔 2500~4000 m 的高原和高山地带，也见于荒漠和半荒漠地区，夏季甚至上到海拔 5000 m 左右的高地。繁殖期间多成对，其他季节多成小群。似其他雪雀，与鼠兔共生。夏季栖息环境较为稳定，活动范围也相对较小，秋冬季节活动范围较大，亦做小的垂直迁徙。

生长繁殖：繁殖期 5—8 月。巢多筑在废弃的鼠兔洞穴中，雌雄亲鸟共同营巢。巢外层为干草，内径有羊毛、羽毛。卵纯白色，无斑。

调查次数	机场名称	只数（调查到的次数）	鸟击风险
8 次	稻城亚丁机场	未见	/
	甘孜格萨尔机场	未见	/
	甘孜康定机场	未见	/
6 次	拉萨贡嘎机场	未见	/
	日喀则和平机场	未见	/
4 次	昌都邦达机场	251 只（4 次）	中
	林芝米林机场	未见	/
	阿里昆莎机场	未见	/

鹡鸰科
Motacillidae

体型修长的地栖性鸟类，包括各种鹡鸰和鹨。喙部和跗跖细长。

鹡鸰科鸟类主要为地栖种类，除少数种类栖于树上，大多种类栖息于溪边、草地、沼泽和林间等各种生境中的地面。善于在地面奔跑，大部分种类具"摆尾"习性。主要以昆虫为食，亦食其他小型无脊椎动物。多营巢于地上草丛、石头缝隙间，少数营巢于树上。

鹡鸰科鸟类喜成小群活动，飞行高度较低，在各机场调查到的数量较少。综合评价其鸟击风险为"低"，无需特别关注。

共记录 3 属 6 种。

青藏高原机场鸟种识别

黄头鹡鸰 *Motacilla citreola*

山鹡鸰 **Forest Wagtail** *Dendronanthus indicus* 　　　　　　三有动物；LC（无危）

成鸟 / 王辉

鉴别特征：上体橄榄绿色，翅上有两道显著的白色横斑，外侧尾羽白色。下体白色，胸有两道黑色横带。眉纹白色。栖止时尾左右摆动。

体型：体长♂ 14.8~17.2 cm，♀ 14.5~17.3 cm；体重♂ 15~19 g，♀ 13~22 g。

生态习性：主要栖息于低山丘陵地带的山地森林中，尤以稀疏的阔叶林中较常见。常单独或成对活动。栖止时尾左右摆动，身体亦微微随着摆动，并不停地鸣叫。

生长繁殖：繁殖期5—7月。营巢于树木粗的水平侧枝上。巢呈碗状，向上开口，主要由草茎、草叶、苔藓、花絮等材料编织而成，内垫兽毛或羽毛等柔软物质，结构甚为精巧。窝卵数多为5枚，也有少数产4枚卵的。卵灰白色或青灰色，具黑褐色或紫灰色斑点。

调查次数	机场名称	只数（调查到的次数）	鸟击风险
8次	稻城亚丁机场	未见	/
	甘孜格萨尔机场	未见	/
	甘孜康定机场	未见	/
6次	拉萨贡嘎机场	3只（1次）	低
	日喀则和平机场	未见	/
4次	昌都邦达机场	未见	/
	林芝米林机场	未见	/
	阿里昆莎机场	未见	/

树鹨 **Olive-backed Pipit** *Anthus hodgsoni*　　　　三有动物；LC（无危）

成鸟　　　　　　　　　　　　　　　　　　　成鸟

鉴别特征：眉纹乳白色或棕黄色，耳后有一白斑。上体橄榄绿色具褐色纵纹，尤以头部较明显。下体灰白色，胸具黑褐色纵纹。

体型：体长 ♂ 14.0~17.0 cm，♀ 14.1~16.5 cm；体重 ♂ 20~26 g，♀ 15~25 g。

生态习性：繁殖期间主要栖息于山地森林中。迁徙期间和冬季则多栖于低山丘陵和山脚平原草地。常成对或成 3~5 只的小群活动，迁徙期间亦集成较大的群。多在地上奔跑觅食，站立时尾常上下摆动。

生长繁殖：繁殖期 6—7 月。通常营巢于开阔地区的地上草丛或灌木旁的凹坑内，也有在林中溪流岸边石隙下的浅坑内营巢的。巢呈浅杯状，结构较为松散，主要由枯草茎、草叶、松针和苔藓构成。窝卵数 4~6 枚。卵鸭蛋青色，具紫红色斑点。

调查次数	机场名称	只数（调查到的次数）	鸟击风险
8 次	稻城亚丁机场	未见	/
	甘孜格萨尔机场	44 只（3 次）	低
	甘孜康定机场	未见	/
6 次	拉萨贡嘎机场	未见	/
	日喀则和平机场	未见	/
4 次	昌都邦达机场	未见	/
	林芝米林机场	未见	/
	阿里昆莎机场	未见	/

粉红胸鹨 **Rosy Pipit** *Anthus roseatus*　　　　　三有动物；LC（无危）

成鸟繁殖羽 / 王辉

鉴别特征：上体橄榄灰色，头顶至背具黑褐色纵纹。喉、胸淡灰色，其余下体皮黄白色或乳白色，两胁具黑褐色纵纹。尾暗褐色，最外侧尾羽具楔状白斑。繁殖期眉纹和下体粉色且几乎无纵纹。

体型：体长 ♂ 13.0~17.9 cm，♀ 13.0~17.6 cm；体重 ♂ 19~27 g，♀ 18~26 g。

生态习性：夏季主要栖息于海拔 2000~4500 m 的地区。冬季多下到山脚平原、草地等生境中。常单独或成对活动，迁徙季节和冬季会集成小群，有时也与其他鹨类混群活动。

生长繁殖：繁殖期 6—7 月，随营巢地区的海拔而有不同。通常营巢于地上草丛中或石穴中，也会筑巢于灌木旁地上的凹坑内。巢由枯草茎和草叶构成。窝卵数 3~5 枚。卵黑紫色，具褐色斑纹。

调查次数	机场名称	只数（调查到的次数）	鸟击风险
8 次	稻城亚丁机场	未见	/
	甘孜格萨尔机场	未见	/
	甘孜康定机场	6 只（2 次）	低
6 次	拉萨贡嘎机场	未见	/
	日喀则和平机场	未见	/
4 次	昌都邦达机场	未见	/
	林芝米林机场	未见	/
	阿里昆莎机场	2 只（1 次）	低

鹡鸰属

黄头鹡鸰 **Citrine Wagtail** *Motacilla citreola*　　　三有动物；LC（无危）

成鸟♂

鉴别特征：头和下体辉黄色。上体深灰色。翅暗褐色具白斑。

体型：体长♂ 15.0~19.5 cm，♀ 14.5~18.0 cm；体重♂ 17~26 g，♀ 14~27 g。

生态习性：常成对或成小群活动，也见有单独活动的，特别是在觅食时。迁徙季节和冬季，有时也集成大群。晚上成群夜栖，偶尔也和其他鹡鸰栖息在一起。栖息时尾上下摆动。

生长繁殖：繁殖期5—7月。通常营巢于土丘下面的地上或草丛中，巢由枯草叶、草茎、草根、苔藓等材料构成，内垫毛发、羽毛等柔软物质。窝卵数4~5枚。卵苍蓝灰白色或赭色，具淡褐色斑。

调查次数	机场名称	只数（调查到的次数）	鸟击风险
8次	稻城亚丁机场	17只（4次）	低
	甘孜格萨尔机场	5只（2次）	低
	甘孜康定机场	未见	/
6次	拉萨贡嘎机场	未见	/
	日喀则和平机场	7只（3次）	低
4次	昌都邦达机场	2只（1次）	低
	林芝米林机场	未见	/
	阿里昆莎机场	90只（4次）	中

199

青藏高原机场鸟种识别

黄鹡鸰 **Eastern Yellow Wagtail** *Motacilla tschutschensis*   三有动物；LC（无危）

成鸟

鉴别特征：头顶蓝灰色或暗色，具白色、黄色或黄白色眉纹。上体橄榄绿色或灰色。飞羽黑褐色，具两道白色或黄白的翼斑。尾黑褐色，最外侧尾羽大多白色。黄鹡鸰亚种较多，各亚种之间羽色存在明显差异，需要结合地域辨识。

体型：体长♂ 15.0~19.0 cm，♀ 15.1~17.3 cm；体重♂ 16~22 g，♀ 17~22 g。

生态习性：多成对或成3~5只的小群，迁徙期亦见有数十只的大群活动。喜欢停栖在河边或河心的石头上，尾不停地上下摆动。有时也沿着水边来回不停地走动。飞行时两翅一收一伸，呈波浪式前进，常常边飞边鸣。

生长繁殖：繁殖期5—7月。通常营巢于河边岩坡的草丛中，偶尔也见在村边居民柴垛中营巢的。巢呈碗状，主要由枯草茎叶构成，内垫羊毛、牛毛和鸟类羽毛。窝卵数5~6枚。卵灰白色，具褐色斑点和斑纹。

调查次数	机场名称	只数（调查到的次数）	鸟击风险
8次	稻城亚丁机场	8只（2次）	低
	甘孜格萨尔机场	未见	/
	甘孜康定机场	未见	/
6次	拉萨贡嘎机场	未见	/
	日喀则和平机场	未见	/
4次	昌都邦达机场	未见	/
	林芝米林机场	未见	/
	阿里昆莎机场	未见	/

成鸟   成鸟

　　鉴别特征：前额和脸颊白色。头顶、后颈、背和肩黑色或灰色。两翅黑色而有白色翅斑。喉黑或白色，胸黑色，其余下体白色。尾长而窄，黑色，外侧尾羽为白色。不同亚种的黑、白、灰色的区域差异很大，需结合地区辨识。

　　体型：体长 ♂ 15.6~19.5 cm，♀ 16.7~19.5 cm；体重 ♂ 15~30 g，♀ 17~29 g。

　　生态习性：常单独或成 3~5 只的小群活动，迁徙期间也见成 10 余只至 20 余只的大群。常在地上慢步行走，有时也较长时间地站在一个地方，尾不住地上下摆动。

　　生长繁殖：繁殖期 4—7 月。通常营巢于水边附近的岩洞、缝隙以及灌丛与草丛中，甚至有在枯木树洞和人工巢箱中营巢的。巢呈杯状，外层粗糙、松散，主要由枯草茎、枯草叶和草根构成，内层紧密，主要由树皮纤维、麻、细草根等编织而成。巢内垫兽毛、绒羽、麻等柔软物。窝卵数多为 5~6 枚，但也有每窝少至 4 枚和多至 7 枚的。卵灰白色，具淡褐色斑。

调查次数	机场名称	只数（调查到的次数）	鸟击风险
8 次	稻城亚丁机场	33 只（6 次）	低
	甘孜格萨尔机场	18 只（5 次）	低
	甘孜康定机场	1 只（1 次）	低
6 次	拉萨贡嘎机场	64 只（6 次）	低
	日喀则和平机场	14 只（6 次）	低
4 次	昌都邦达机场	4 只（2 次）	低
	林芝米林机场	27 只（3 次）	低
	阿里昆莎机场	7 只（2 次）	低

青藏高原机场鸟种识别

小型鸟类，包括拟蜡嘴雀、朱顶雀、金翅雀、朱雀、灰雀以及岭雀。喙粗厚而短，末端尖。

燕雀科鸟类主要栖息于开阔草甸和灌丛地带，常集群活动。主要以草籽、谷粒、种子等植物性食物为食，繁殖期间也吃各种昆虫。营巢于树上、地上或灌丛中，巢多呈杯状巢。

燕雀科鸟类喜成群活动，飞行高度适中。综合评价其鸟击风险为"低"至"中"，对于种群数量较大的种类需要重点关注。

共记录 7 属 13 种。

黄嘴朱顶雀 *Linaria flavirostris*

拟蜡嘴雀属

白斑翅拟蜡嘴雀 White-winged Grosbeak *Mycerobas carnipes*　三有动物；LC（无危）

成鸟♂

成鸟♀ / 王辉

　　鉴别特征：喙部粗大。雄鸟整个头、颈、背、胸均为黑色；腰、尾上覆羽以及胸以下的整个下体概为黄色；两翅黑色，翅上有金黄色的点斑和白色的翼斑。雌鸟和雄鸟相似，但黑色部分为灰褐色，下背常沾绿色，黄色部分亦较浅。

　　体型：体长♂ 19.5~24.5 cm，♀ 19.0~23.6 cm；体重♂ 48~75 g，♀ 47~69 g。

　　生态习性：栖息在海拔 2500~4200 m 的高山和高原地带，最高曾在海拔约 4900 m 处见到，冬季下到海拔 2000~3000 m 的中低山和山脚沟谷地带。常单独或成对活动，秋冬季节多成 3~5 只的小群。性机警，会长时间呆在树上枝叶间不动。

　　生长繁殖：繁殖期 5—8 月。营巢于海拔 2500 m 以上的山地森林中的林下小树上或灌木上。巢呈杯状，由细枝、草茎和植物纤维等材料构成。窝卵数 3~5 枚。卵白色，具紫红色和灰褐色两层斑。

调查次数	机场名称	只数（调查到的次数）	鸟击风险
8 次	稻城亚丁机场	未见	/
	甘孜格萨尔机场	2 只（2 次）	低
	甘孜康定机场	未见	/
6 次	拉萨贡嘎机场	未见	/
	日喀则和平机场	未见	/
4 次	昌都邦达机场	未见	/
	林芝米林机场	未见	/
	阿里昆莎机场	未见	/

朱雀属

普通朱雀 **Common Rosefinch** *Carpodacus erythrinus*　　　三有动物；LC（无危）

成鸟♂　　　　　　　　　　　　　　　　　　成鸟♀

　　鉴别特征：雄鸟繁殖羽头部、胸部、腰部和翼斑沾亮红色，羽缘沾红色。雌鸟上体灰褐色，具暗色纵纹，下体白色或皮黄白色，亦具黑褐色纵纹。

　　体型：体长 ♂ 13.3~16.2 cm，♀ 12.6~15.9 cm；体重 ♂ 18~27 g，♀ 18~31 g。

　　生态习性：主要栖息于海拔 1000 m 以上的针叶林和针阔叶混交林及其林缘地带。常单独或成对活动，非繁殖期则多成几只至 10 余只的小群活动和觅食。

　　生长繁殖：繁殖期 5—7 月。营巢由雌鸟单独承担，雄鸟则在巢附近鸣唱和警戒。于蔷薇等有刺灌木丛中和枝杈上筑巢，通常距地高 0.5~1.0 m。巢呈杯状，结构较松散，由枯草茎、草叶和须根等材料构成，内垫细的须根和少量兽毛。窝卵数 3~6 枚。卵淡蓝绿色，具褐色、黑色或紫色斑点。

调查次数	机场名称	只数（调查到的次数）	鸟击风险
8 次	稻城亚丁机场	20 只（1 次）	低
	甘孜格萨尔机场	167 只（2 次）	中
	甘孜康定机场	7 只（1 次）	低
6 次	拉萨贡嘎机场	未见	/
	日喀则和平机场	未见	/
4 次	昌都邦达机场	未见	/
	林芝米林机场	2 只（1 次）	低
	阿里昆莎机场	未见	/

成鸟♂   成鸟♀

鉴别特征：雄鸟眉纹、脸颊、胸部和腰部均呈暗红色，其余上体红褐色具暗褐色纵纹。雌鸟体羽无粉色，整体淡皮黄色，具细窄的黑色纵纹。

体型：体长♂ 12.3~14.5 cm，♀ 12.9~14.8 cm；体重♂ 12~25 g，♀ 17~21 g。

生态习性：栖息于海拔 3800~4500 m 的高山草甸以及干燥河谷。常集群活动。

生长繁殖：繁殖期 7—8 月。6 月中下旬即已完成配对。营巢于距地不高的低矮灌木丛中。巢呈浅杯状，由枯草茎、草叶和草根构成，内垫兽毛。窝卵数 3~5 枚。卵深蓝色、具少许黑色或紫褐色斑点。孵卵由雌鸟承担，雏鸟晚成性，雌雄亲鸟共同育雏。

调查次数	机场名称	只数（调查到的次数）	鸟击风险
8 次	稻城亚丁机场	12 只（4 次）	低
	甘孜格萨尔机场	255 只（5 次）	中
	甘孜康定机场	10 只（2 次）	低
6 次	拉萨贡嘎机场	100 只（1 次）	低
	日喀则和平机场	2 只（1 次）	低
4 次	昌都邦达机场	未见	/
	林芝米林机场	4 只（1 次）	低
	阿里昆莎机场	未见	/

青藏高原机场鸟种识别

205

成鸟♂   成鸟♂

鉴别特征：雄鸟额、眉纹、颊、耳羽和腰玫瑰红色，头顶和其余上体灰褐色具粗著的黑褐色纵纹，两翅和尾黑褐色，翅上有两道不明显的玫瑰红色翅斑，下体玫瑰红或葡萄红色。雌鸟眉纹黄褐色，上体灰褐色具暗褐色纵纹，下体淡黄白色或灰褐白色。

体型：体长♂ 13.2~15.4 cm，♀ 13.2~15.6 cm；体重♂ 16~25 g，♀ 15~26 g。

生态习性：多分布在海拔 2000~4000 m 的高山和高原地带，有时甚至到雪线附近。冬季则下到海拔 3000 m 以下。常单独或成对活动，冬季亦成群。不甚怕人，有时人可以靠得很近。

生长繁殖：繁殖期 5—8 月。营巢于灌丛和小树中。巢呈杯状，由枯草茎、草叶、细根和树木韧皮纤维构成，有时还掺杂少许细枝，内垫兽毛或绒羽。窝卵数 3~6 枚。卵蓝色，具稀疏的黑色斑点。

调查次数	机场名称	只数（调查到的次数）	鸟击风险
8次	稻城亚丁机场	未见	/
	甘孜格萨尔机场	未见	/
	甘孜康定机场	未见	/
6次	拉萨贡嘎机场	未见	/
	日喀则和平机场	未见	/
4次	昌都邦达机场	未见	/
	林芝米林机场	2只（1次）	低
	阿里昆莎机场	未见	/

成鸟（背部纵纹较多）♂

　　鉴别特征：喙大而偏粉色。背部、肩部和翅上覆羽暗褐色具黑色纵纹，腰粉红色。两翅黑褐色，飞羽羽缘沾粉红色。雄鸟繁殖羽脸部、额部和下体均为深红色，并具白色细纹。雌鸟上体灰褐色，下体皮黄色，具黑色纵纹。

　　体型：体长♂ 17.1~20.4 cm，♀ 16.7~20.0 cm；体重♂ 30~52 g，♀ 37~50 g。

　　生态习性：栖息于海拔 3800~4500 m 的多岩碎石滩和高山草甸，冬季则下至海拔2000 m 以上。性羞怯而隐蔽，常单独或成对活动，有时亦成小群，会与其他朱雀混群。

　　生长繁殖：繁殖期 6—9 月。营巢于灌木丛中或矮小的树木上。巢呈杯状，由细枝、枯草茎和枯草叶以及细根等材料构成，内垫羊毛和兽毛。窝卵数 3~5 枚。卵蓝色，具黑色或紫褐色斑点。

调查次数	机场名称	只数（调查到的次数）	鸟击风险
8 次	稻城亚丁机场	2 只（1 次）	低
	甘孜格萨尔机场	3 只（1 次）	低
	甘孜康定机场	未见	/
6 次	拉萨贡嘎机场	39 只（2 次）	低
	日喀则和平机场	未见	/
4 次	昌都邦达机场	未见	/
	林芝米林机场	未见	/
	阿里昆莎机场	未见	/

大朱雀 **Great Rosefinch** *Carpodacus rubicilla* 　　　　　三有动物；LC（无危）

成鸟（背部几乎无纵纹）♂ / 王似奇　　　　　　　　　　　　　　　成鸟♀ / 王似奇

　　鉴别特征：雄鸟头顶和下体粉红色，颏、喉和上胸具白色斑点，背和尾上覆羽灰红色，腰玫瑰红色。雌鸟上体灰褐色具暗色纵纹；两翅和尾与雄鸟相似，但无粉红色沾染；下体淡灰黄色具暗色纵纹。

　　体型：体长♂ 17.3~20.5 cm，♀ 16.7~19.8 cm；体重♂ 30~52 g，♀ 37~52 g。

　　生态习性：夏季栖息于海拔 3000 m 以上的多岩碎石滩和高山草甸，在西藏和青海地区可上到海拔 3900~5000 m 的区域。常集群活动，冬季下至海拔 1000~1500 m 的林线上沿和开阔的岩石沟谷地带，特别是在大雪之后，常下到无雪地区。冬季的栖息环境较为稳定，会长时间地停留在一个地方。觅食多在地上，当地面被大雪覆盖后，也到灌木上觅食。

　　生长繁殖：繁殖期 5—7 月。营巢在悬岩岩壁洞穴中或岩石间。巢呈杯状，由枯草茎和草叶构成。窝卵数 3~6 枚。卵淡蓝色，具暗色斑点。

调查次数	机场名称	只数（调查到的次数）	鸟击风险
8 次	稻城亚丁机场	未见	/
	甘孜格萨尔机场	8 只（1 次）	低
	甘孜康定机场	3 只（1 次）	低
6 次	拉萨贡嘎机场	未见	/
	日喀则和平机场	未见	/
4 次	昌都邦达机场	未见	/
	林芝米林机场	未见	/
	阿里昆莎机场	1 只（1 次）	低

成鸟♂／王辉　　　　　　　　　　　　　　　　　　成鸟♀

鉴别特征：雄鸟额基、眼先深红色，浅粉色长眉纹后端变宽变白，在头部极为醒目；头顶至上背红褐色，具黑褐色纵纹，腰玫瑰红色；下体瑰红色，腹中央白色。雌鸟前额白色杂有黑色，眉纹皮黄色；头顶至上背橄榄褐色，腰棕黄色，下体污白色。

体型：体长♂ 15.4~18.3 cm，♀ 15.6~18.0 cm；体重♂ 24~37 g，♀ 18~35 g。

生态习性：栖息在海拔 2000~4500 m 的高山灌丛、草地和生长有稀疏植物的岩石荒坡，在喜马拉雅山和玉龙山地区甚至可到海拔 5000 m 左右的雪线附近。冬季下到海拔 2000 m 的沟谷和山边高原草地。繁殖期间单独或成对活动，非繁殖期则多成小群，在地上活动和觅食。

生长繁殖：繁殖期 7—8 月。营巢于距地不高的低矮灌木丛中。巢呈浅杯状，由枯草茎、草叶和草根构成，内垫兽毛。窝卵数 3~5 枚。卵深蓝色，具少许黑色或紫褐色斑点。

调查次数	机场名称	只数（调查到的次数）	鸟击风险
8 次	稻城亚丁机场	2 只（1 次）	低
	甘孜格萨尔机场	77 只（4 次）	低
	甘孜康定机场	9 只（2 次）	低
6 次	拉萨贡嘎机场	未见	/
	日喀则和平机场	未见	/
4 次	昌都邦达机场	未见	/
	林芝米林机场	未见	/
	阿里昆莎机场	未见	/

灰雀属

灰头灰雀 **Grey-headed Bullfinch** *Pyrrhula erythaca*　　　　　　三有动物；LC（无危）

成鸟♂ / 熊昊洋

鉴别特征：喙厚并略具钩。额基、眼先、眼周、颏绒黑色，外周围一圈白色彼此相衬，极为醒目。上体灰色，腰白色。两翅黑色具光泽，有淡色的翼斑。喉和上胸灰色，下胸、腹和两胁橙红或棕黄色，下腹灰白色。雌鸟下体无红色，为葡萄褐色。

体型：体长♂ 14.1~16.3 cm，♀ 13.0~16.2 cm；体重♂ 15~24 g，♀ 17~24 g。

生态习性：栖息于亚高山针叶林和混交林，海拔多在 1500~4000 m，冬季下到海拔1000 m 左右的低山。除繁殖期单独或成对活动外，其他季节成小群活动。

生长繁殖：未见相关研究。

调查次数	机场名称	只数（调查到的次数）	鸟击风险
8 次	稻城亚丁机场	未见	/
	甘孜格萨尔机场	1 只（1 次）	低
	甘孜康定机场	未见	/
6 次	拉萨贡嘎机场	未见	/
	日喀则和平机场	未见	/
4 次	昌都邦达机场	未见	/
	林芝米林机场	未见	/
	阿里昆莎机场	未见	/

岭雀属

林岭雀 Plain Mountain Finch *Leucosticte nemoricola*　　　三有动物；LC（无危）

成鸟 / 熊昊洋

　　鉴别特征：整个上体暗褐色，在头顶和上体形成暗色纵纹，腰淡褐灰色。两翅黑褐色，具细小的白色翼斑。下体灰褐色。尾黑色。

　　体型：体长♂ 14.2~16.7 cm，♀ 14.5~16.7 cm；体重♂ 16~25 g，♀ 19~25 g。

　　生态习性：栖息于多石山坡和高山草甸。具垂直迁徙习性，夏季在海拔 3000~4500 m 皆有分布，冬季会下至海拔 1800 m 左右。常集大群，受惊时会快速上下翻飞。

　　生长繁殖：繁殖期 6—8 月。营巢于岩壁、石头缝隙或洞中，也会利用哺乳动物废弃的洞穴。巢主要由茎、叶、须根等材料构成，内垫兽毛和鸟类羽毛。窝卵数 4~5 枚。卵纯白色，有时微具粉红色，光滑无斑。

调查次数	机场名称	只数（调查到的次数）	鸟击风险
8 次	稻城亚丁机场	未见	/
	甘孜格萨尔机场	未见	/
	甘孜康定机场	32 只（2 次）	中
6 次	拉萨贡嘎机场	未见	/
	日喀则和平机场	未见	/
4 次	昌都邦达机场	未见	/
	林芝米林机场	未见	/
	阿里昆莎机场	未见	/

高山岭雀 **Brandt's Mountain Finch** *Leucosticte brandti* 三有动物；LC（无危）

成鸟 / 熊昊洋

鉴别特征：头部色深。背灰褐色具黑褐色纵纹，腰暗褐色。飞羽黑褐色具白色羽缘。下体淡灰褐色。

体型：体长 ♂ 16.5~19.0 cm，♀ 16.4~17.9 cm；体重 26~29 g。

生态习性：喜高海拔多岩、碎石地带和潮湿的沼泽地带。夏季的栖息地海拔一般在4000 m 以上，一直到雪线附近，在西藏、四川西部和青海等地，最高可到海拔 5500 m 左右。冬季则下到海拔 2600~4000 m 的低山地带。喜集群活动，有时可见成百只的大群。

生长繁殖：繁殖期 6—8 月。营巢于岩坡和岩石下的缝隙中，也会在啮齿动物洞穴营巢。除了单独营巢外，还有营群巢的习性。巢呈杯状，由枯草和草叶构成，内垫兽毛和鸟类羽毛，结构较粗糙。窝卵数 3~4 枚。卵白色，光滑无斑。

调查次数	机场名称	只数（调查到的次数）	鸟击风险
8 次	稻城亚丁机场	未见	/
	甘孜格萨尔机场	未见	/
	甘孜康定机场	3 只（1 次）	中
6 次	拉萨贡嘎机场	未见	/
	日喀则和平机场	未见	/
4 次	昌都邦达机场	未见	/
	林芝米林机场	未见	/
	阿里昆莎机场	3 只（1 次）	中

黑头金翅雀 **Black-headed Greenfinch** *Chloris ambigua*　　　三有动物；LC（无危）

成鸟 / 王辉

鉴别特征：头部墨绿色。上体橄榄灰褐色。飞羽黑褐色，具明显的金黄色翼斑。下体橄榄绿色。幼鸟比成鸟羽色更浅且纵纹更多。

体型：体长 ♂ 12.0~14.1 cm，♀ 11.5~14.0 cm；体重 ♂ 15~20 g，♀ 14~21 g。

生态习性：栖息于海拔 1800 m 以上的高山和亚高山地带。性喜结群，除繁殖期外，常成数只至十多只的小群，有时也集成数十只甚至上百只的大群。多停栖在林缘或耕地边的乔木上。

生长繁殖：繁殖期 5—7 月。营巢于松树枝杈上。巢主要由松针、细草茎和苔藓等材料构成，内垫少许兽毛和羽毛。窝卵数多为 4 枚。卵淡蓝绿色，具少许黑色斑点和发丝状的条纹。

调查次数	机场名称	只数（调查到的次数）	鸟击风险
8 次	稻城亚丁机场	未见	/
	甘孜格萨尔机场	未见	/
	甘孜康定机场	1 只（1 次）	低
6 次	拉萨贡嘎机场	未见	/
	日喀则和平机场	未见	/
4 次	昌都邦达机场	未见	/
	林芝米林机场	79 只（3 次）	中
	阿里昆莎机场	未见	/

朱顶雀属

黄嘴朱顶雀 **Twite** *Linaria flavirostris*　　　　　　三有动物；LC（无危）

成鸟　　　　　　　　　　　　　　　　　　　　　　成鸟

鉴别特征：雄鸟喙部黄色；上体呈沙棕色，腰为玫瑰红色；两翅和尾褐色具白色羽缘；喉、胸皮黄色或沙棕色，具纵纹，其余下体黄白色或白色。雌鸟和雄鸟类似，但腰为皮黄色或白色。

体型：体长♂ 11.2~16.2 cm，♀ 11.8~14.4 cm；体重♂ 10~18 g，♀ 10~15 g。

生态习性：主要栖息于海拔 3000 m 以上的高山和高原地带，在西藏和青海高原栖息高度可达海拔 3800~4500 m。除繁殖期成对活动外，其他季节多集群活动。多在地面觅食。

生长繁殖：繁殖期 6—8 月。营巢由雌鸟单独承担，雄鸟则在附近警戒。通常营巢于低矮灌木上，偶尔也有在岩石缝隙中营巢的。巢呈杯状，由禾本科枯草叶、草茎、细根等材料构成，内垫家畜毛、羽毛和植物绒等。窝卵数 4~6 枚，偶尔也有多至 7 枚的。卵淡蓝绿色，具红褐色或栗红色斑。

调查次数	机场名称	只数（调查到的次数）	鸟击风险
8 次	稻城亚丁机场	15 只（1 次）	低
	甘孜格萨尔机场	11 只（1 次）	低
	甘孜康定机场	未见	/
6 次	拉萨贡嘎机场	未见	/
	日喀则和平机场	444 只（5 次）	中
4 次	昌都邦达机场	未见	/
	林芝米林机场	1 只（1 次）	低
	阿里昆莎机场	90 只（4 次）	中

红额金翅雀 **European Goldfinch** *Carduelis carduelis*   三有动物；LC（无危）

成鸟

鉴别特征：雄鸟额、脸颊和颏呈朱红色，眼先和眼周黑色，在淡色的头部极为醒目；上体灰褐色，两翅黑色，翅上有金黄色翼斑；下体喉、胸灰褐色，其余下体白色。雌鸟和雄鸟类似，但脸部红色及翅上金黄色较淡。

体型：体长 ♂ 11.7~14.1 cm，♀ 12.2~14.3 cm；体重 ♂ 14~22 g，♀ 15~22 g。

生态习性：主要栖息于中高山针叶林和针阔叶混交林中，除繁殖期外多成小群，有时亦成数十只甚至上百只的大群。不喜欢茂密的森林，多在林缘疏林、山边稀灌丛、溪流、沟谷灌丛草地和树上觅食。

生长繁殖：繁殖期 5—8 月。1 年繁殖 1~2 窝，营巢由雌鸟承担，巢多置于树上部枝叶茂密的侧枝外端。巢呈杯状，主要由柔软的草茎、草叶、植物纤维和大量羊毛等材料构成，内垫植物绒和兽毛。窝卵数 3~5 枚。卵淡蓝白色或淡白色，具灰褐色或红褐色斑点，或完全无斑。

机场活动情况及鸟击风险：2021 年夏天曾在阿里普兰机场建设场址记录到 1 只。

鹀科
Emberizidae

小型的食籽鸟类。喙部宽厚，呈圆锥状，闭合时上下缘彼此不能紧贴。羽色变化较大，上体多有纵纹。尾部较长且略分叉，外侧尾羽大多白色。

鹀科鸟类主要栖息于森林、灌丛、山地和平原等各种生境。主要以草籽和谷物为食，繁殖期间多以昆虫为食。营巢于灌丛或草丛中。

鹀科鸟类喜成小群活动，多在地面或低矮的灌丛中取食，飞行高度低。综合评价其鸟击风险为"低"，无需特别关注。

共记录 1 属 2 种。

西南灰眉岩鹀 *Emberiza yunnanensis*

藏鹀 **Tibetan Bunting** *Emberiza koslowi* 国家二级；LC（无危）

成鸟♂ / 周华明 成鸟♀ / 周华明

鉴别特征：雄鸟头黑色，具长白色眉纹，在黑色的头部极为醒目；眼先至下嘴基部栗色或红褐色；颈、喉白色，胸至后颈灰色，在灰色胸和白色喉之间具一条宽阔的黑色胸带；背，肩红栗色，腰至尾上覆羽蓝灰色。雌鸟头顶灰褐色且具黑色纵纹，下腹近乎白色稍带黑色纵纹，其余与雄鸟类似。

体型：体长♂ 17.4~17.6 cm；体重♂ 25~30 g。

生态习性：栖息于海拔 3500 m 以上的青藏高原一带的山柳灌丛和草地上，也出现于农田和寺庙附近的稀树灌丛草坡。

生长繁殖：未见相关研究。中国科学院西北高原生物研究所在 1989 年考察时发现，青海玉树地区 6 月末已见其开始觅食喂雏。

调查次数	机场名称	只数（调查到的次数）	鸟击风险
8 次	稻城亚丁机场	未见	/
	甘孜格萨尔机场	4 只（1 次）	低
	甘孜康定机场	未见	/
6 次	拉萨贡嘎机场	未见	/
	日喀则和平机场	未见	/
4 次	昌都邦达机场	未见	/
	林芝米林机场	未见	/
	阿里昆莎机场	未见	/

成鸟

鉴别特征：原灰眉岩鹀在西南地区的亚种。脸颊整体蓝灰色，贯眼纹和侧贯纹栗色。顶冠纹黑色，后端向上延伸与贯眼纹相连。头、枕、喉和上胸蓝灰色。背红褐色或栗色、具黑色纵纹，腰和尾上覆羽栗色，黑色纵纹少。下体红棕色。

体型：体长♂ 14.5~17.4 cm，♀ 14.0~17.2 cm；体重♂ 15~22 g，♀ 16~23 g。

生态习性：常成对或单独活动，非繁殖季节成小群，有时亦集成大群活动。繁殖期间常站在突出停歇处鸣叫，鸣声洪亮、婉转、悦耳，富有变化。常常边鸣叫边抖动身体、扇动尾羽。

生长繁殖：繁殖习性类似于灰眉岩鹀。巢呈杯状，外层为草茎和草叶，内层为细草茎、兽毛等，偶尔也垫少许羽毛。窝卵数 3~5 枚。卵的颜色变化较大，其上具紫黑色或暗红褐色的斑点和斑纹。

调查次数	机场名称	只数（调查到的次数）	鸟击风险
8次	稻城亚丁机场	2只（1次）	低
	甘孜格萨尔机场	105只（6次）	低
	甘孜康定机场	9只（2次）	低
6次	拉萨贡嘎机场	18只（3次）	低
	日喀则和平机场	未见	/
4次	昌都邦达机场	未见	/
	林芝米林机场	8只（2次）	低
	阿里昆莎机场	未见	/

青藏高原机场鸟类防范与保护

概述

● 开展机场及周边地区系统性鸟类多样性调查，建设监测数据库和信息交流网络

（1）选取线路或观察点，采用样点法和样线法对机场内部及周边区域进行周期性的鸟类多样性调查。调查时应记录鸟类的种类、数量、所处生境、飞行高度与集群大小等数据，以便后期采取正确的防治措施。鸟类一般距离人类较远，应配备专业的远距离观察设备进行调查，例如长焦相机或望远镜等。

（2）根据多样性调查数据，可以编写年度或季度的鸟类名录。名录应包括种类、常见度、可见时段、可见生境等数据，在增加对机场鸟类了解的同时可根据调查数据开展鸟击防控，以起到保护机场飞行安全的作用。同年不同时段以及不同年同时段的鸟类种类和数量变化较大，鸟类名录应做到定期补充与更新。

（3）建设鸟情信息交流和管理网络。将鸟类名录与鸟击事件相结合，建立信息管理系统，方便机场工作人员进行交流和查询。可与周边其他机场实现数据共享和联防联控，将多个机场发生的鸟击事件合并储存，及时分享防控经验。

● 加强对机场及周边地区生态环境的治理

（1）清理食源地。鸟类一天中大多数时间都在觅食，清理食物源可以大大减少鸟类的数量。食物源包括会生长果实的植物、开花植物、大片草坪产生的草籽、露天的垃圾堆等。除此之外，还应对机场内部的小型啮齿类、两栖类和爬行类动物进行查杀，这些小型动物可能成为一些棕背伯劳、纵纹腹小鸮、红隼等食肉鸟类的食物。

（2）清理隐蔽地。鸟类生性警惕谨慎，需要隐蔽的地点进行躲藏和休息。应重点关注机场内部高大的草丛、茂密的灌丛、机场内和周边高大的乔木，这些植被群落都可为鸟类提供躲藏隐蔽地点，因此需要及时修剪清理。

（3）清理筑巢地。鸟类在每年春季会筑巢繁殖，其筑巢环境十分多样，有树上、地上、屋檐下、墙壁缝隙、空调孔等。对于在机场内部的筑巢地，应在鸟类繁殖早期（筑巢阶段）尽快清理。对于进入繁殖中期（产卵阶段）的鸟类，应评估鸟击风险后再决定是否进行清理。如繁殖已进入末期（例如孵卵、育雏），在不影响航班运行的情况下，可予以保留。清理鸟巢的重点是清理适宜鸟类筑巢的栖息地，应在综合评估后尽快清理。

（4）除了在机场内部对上述鸟类栖息地进行管理，对于机场周边食源地、隐蔽地以及筑巢地也应按与机场的距离做不同程度的清理。注意尽量避免在鸟类繁殖季节清理

鸟类筑巢地。

增设鸟击防范专岗和招聘专业人才，完善职称和职务晋升通道

（1）设立专门的岗位，引进具有鸟类学、生态学或动物学专业背景的人才，专门从事鸟类调查、物种鉴定、栖息地管理等工作。

（2）完善鸟击防范工作人员的晋升通道。当前机场鸟击防范人员的工作内容多、任务繁重，责任风险和工作压力较大，且缺乏稳定的晋升通道。许多工作人员工作几年后即转岗或调岗。为保持稳定的人才队伍，应拓宽鸟击防范工作人员的晋升通道，提高待遇。

采用先进技术和设备驱鸟

（1）在机场跑道的安全敏感区设立雾网，可在一定程度上防止鸟类飞入。雾网的设立需要充足的人手进行架网、巡网、解网等工作，且对上网后受伤的鸟类需要进行专业处理，特别是国家重点保护的野生鸟类，处理时应更加谨慎。因此，要进一步开展相关培训，提升鸟击防范工作人员在鸟类救助方面的能力，尽可能对受伤的鸟类进行妥善处置，避免造成二次伤害。

（2）使用噪声、灯光、猛禽的鸣声和标本模型等综合手段驱鸟。上述方法可通过刺激鸟类的听觉、视觉等感官对其进行驱离，且不会对其造成伤害。但是鸟类可能会对这些刺激产生适应性，比如长时间放置猛禽标本模型后，鸟类就不会再因害怕而离开。在实际的驱鸟防控中，可以多种方式轮流使用，避免鸟类产生适应性。

（3）安装探测雷达。探测雷达可以监测机场附近的飞行物体，并实时反馈到屏幕，以帮助机场工作人员及时了解机场周边鸟类的活动情况。雷达监测辅以人力驱赶，可有效减少机场鸟击防范工作的人力损耗以及工作量。

加强与科研机构的合作

（1）邀请科研机构人员举行相关讲座，向机场工作人员普及鸟类知识；开展专题培训，特别是鸟类识别和救助的相关培训。

（2）购置冰柜等冷冻冷藏设施，重视样本和样品等第一手资料的收集；积极联络高校、科研所等专业机构开展合作研究。这有助于进一步了解机场鸟类的形态特征、食性、栖息地偏好、种群特征等。依据这些科研成果，机场方可以采取更加科学、合理、细化、可操作性强的鸟击防范措施。

提升、完善鸟类救助技术

机场应实行保护与防控并行的防撞理念，对于机场内部或周边发现的受伤鸟类，机场工作人员应当及时解救。救助前应判断受伤鸟类的年龄以及伤势，以此提供相应的救

护措施。以下是成鸟、幼鸟及雏鸟的相关救护步骤。

成鸟：

（1）无伤口、未骨折：将鸟类放置在下铺柔软垫料、扎好通气孔的纸盒里，对纸盒进行遮光处理，保持纸盒内温度适宜。若状态不见好转，可以使用针管喂养 0.9% 的生理盐水。待状态好转后，在发现地放生。

（2）存在伤口：使用无菌生理盐水对伤口进行冲洗，冲洗后再覆盖无菌敷料。切勿使用碘酒、酒精、双氧水、紫药水或红药水冲洗鸟类伤口，以上药品会导致伤口和组织大面积坏死。

（3）伤口较大或出现骨折：将鸟类交由专业医护人员进行处理。若机场无相关医学背景人员，应及时联系当地救护机构、鸟会、林业局或宠物医院。将鸟类放置在避光、温暖的纸箱中等待救护人员取走。切勿自行处理，以免加大鸟的伤势。

幼鸟及雏鸟：

（1）未受伤：许多雏鸟可能会意外掉出巢，救护人员无需带回，只需观察周围是否有鸟巢或亲鸟活动，对于羽毛还未长齐的幼鸟，应放回巢中；对于羽毛已经长齐的幼鸟，放入周边的灌丛或树枝上即可，亲鸟会自行前来饲养。

（2）受伤：幼鸟的救助较成鸟更加复杂、困难，应及时联系当地鸟会、林业局、救护机构，放入避光、温暖的纸箱中等待救护人员取走。

幼鸟　　　　　　　　　　成鸟　　　　　　　　　　雏鸟

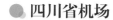

各机场鸟类分布特点及防范措施

⬤ 四川省机场

稻城亚丁机场（海拔 4411 m）：稻城亚丁机场位于甘孜藏族自治州稻城县，于 2013 年 9 月 16 日正式通航，2023 年旅客吞吐量约 15.1 万人次。作为当下世界上海拔最高的民用机场，稻城亚丁机场及周边仍然有许多鸟类活动。机场附近分布有大量的灌丛、草地和裸岩生境，达乌里寒鸦、红嘴山鸦、角百灵、岩鸽是这里的优势物种，常常集成大群一起活动，应注意机场内部和机场外围区域栖息地的协同管理。

甘孜康定机场（海拔 4238 m）：甘孜康定机场位于甘孜藏族自治州康定市，于 2009 年 4 月 26 日正式运营，2023 年旅客吞吐量约 1.8 万人次。机场附近生境较为单一，鸟类喜在周边的人类聚集地觅食，应重点关注机场及周边的垃圾堆放区并及时清扫。在机场跑道的西侧，有一个天然高山湖泊，冬季和夏季会有绿头鸭、赤麻鸭等大群水鸟活动，有一定的鸟击风险。应加强对该湖泊水鸟的动态监测，制定相应对策。

甘孜格萨尔机场（**海拔 4068 m**）：甘孜格萨尔机场位于甘孜藏族自治州德格县，于 2019 年 9 月 16 日正式通航，2023 年旅客吞吐量约 5.0 万人次。机场周边生境单一，但内部飞行区的草地上有大量鸟类活动、觅食。应注意清理草籽、消杀昆虫、减少草地面积。甘孜格萨尔机场北部的山坡下有发育良好的灌丛植被，非常适合一些小型野生动物与鸡形目鸟类在此栖息活动。在调查期间，研究团队曾亲眼看到高原山鹑窜入机场。因此要注意保持机场围界和围栏的完整性，避免类似事件再次发生。

● 西藏自治区机场

昌都邦达机场（海拔 4334 m）：昌都邦达机场位于昌都市八宿县，于 1995 年 4 月 28 日开通民航业务，2023 年旅客吞吐量达 42.4 万人次。机场周边的草地生境聚集着大量鸟类，应注意清理草籽、修剪高草，防止鸟类在此觅食、隐蔽以及繁殖。机场周边有河流（玉曲河）经过，有一定数量的水鸟在此停留，因此要关注周边水鸟的数量动态。同时，昌都邦达机场周边的猛禽种类较多，有金雕、普通鵟、纵纹腹小鸮等，应加强监测并及时驱离。

阿里昆莎机场（海拔 4274 m）：阿里昆莎机场位于阿里地区噶尔县，于 2010 年 7 月 1 日正式通航，2023 年旅客吞吐量约 19.4 万人次。机场广泛分布着喜食草籽、昆虫的鸟类，它们常到机场内的草地觅食，因此要加强对机场内部的草地管理，注意清理草籽、消杀昆虫。此外，机场常监测到猛禽的活动，如喜山鵟、纵纹腹小鸮等，因此要加大对飞行跑道两侧的巡逻和清网力度，防止猛禽误入飞行区。

阿里普兰机场（海拔 4250 m）：阿里普兰机场位于阿里地区普兰县，调查期间处于建设当中，拟于 2023 年 12 月 27 日正式通航。调查表明，机场海拔较高，周边植被单一，鸟类主要是高寒草甸常见鸟类，如黄嘴朱顶雀、红嘴山鸦、角百灵等。机场周边生活着喜马拉雅旱獭和藏野驴，后期运营阶段应持续开展生物多样性监测，特别是对国家一级重点保护野生动物藏野驴的种群进行持续关注。

日喀则和平机场（海拔 3800 m）：日喀则和平机场位于日喀则市桑珠孜区，于 2011 年 7 月 8 日开通民航业务，2023 年旅客吞吐量约 12.0 万人次。机场周边植被较少，鸟类物种较单一。但附近的草地生境聚集着大量小型鸟类，应及时对草坪进行清理。机场附近设有一处较大的天葬台，有大量的食腐猛禽在此聚集盘旋，如高山兀鹫。机场方应加强与当地居民的沟通，协商丧葬时段，尽量与正常航班时间错开，同时加强对机场上空大型猛禽的监测。

拉萨贡嘎机场（海拔 3570 m）：拉萨贡嘎机场位于山南市贡嘎县，于 1966 年 11 月 23 日建成通航，2023 年旅客吞吐量达 547.1 万人次。机场周边生境多样，河流、河滩、草地、湿地、农田、耕地、居民点、荒漠等生境分布十分复杂。每年的春秋季，机场外宽阔的雅鲁藏布江栖息有多种水鸟，数量十分庞大。研究团队曾在机场南部的河流和湿地中一次就记录到 800 余只赤麻鸭。机场还邻近居民区，有大量的农田和耕地，为许多中小型鸟类提供了适宜繁殖和栖息的场所。因此，拉萨贡嘎机场应重点关注附近多样的栖息地，清理废弃耕地，设立围栏，并采取主动措施驱鸟。

林芝米林机场（海拔 2949 m）：林芝米林机场位于林芝市米林市，于 2006 年 9 月 1 日正式通航，2023 年旅客吞吐量约 68.3 万人次。林芝米林机场作为九个机场中海拔最低的机场，其附近生境以森林为主，鸟类多样性高，易导致鸟击。仅在此机场记录的特有鸟种较多，如大紫胸鹦鹉、长尾山椒鸟、乌嘴柳莺等。对于森林鸟类，应对机场周边的树林进行高度监控，并加大机场周边的鸟网巡逻和清网力度。此外，还应注意对机场内部草场的维护，低海拔的草地生长更快且昆虫种类也更多，应播种无籽或者少籽的草，并周期性消杀草丛中的昆虫。

各机场保护鸟类名录

机场名称	国家二级	国家一级
稻城亚丁机场	血雉 *Ithaginis cruentus* 白马鸡 *Crossoptilon crossoptilon* 鹮嘴鹬 *Ibidorhyncha struthersii* 高山兀鹫 *Gyps himalayensis* 白尾鹞 *Circus cyaneus* 喜山鵟 *Buteo burmanicus* 红隼 *Falco tinnunculus* 白眉山雀 *Poecile superciliosus* 中华雀鹛 *Fulvetta striaticollis* 大噪鹛 *Ianthocincla maxima* 橙翅噪鹛 *Trochalopteron elliotii*	胡兀鹫 *Gypaetus barbatus*
甘孜格萨尔机场	白马鸡 *Crossoptilon crossoptilon* 高山兀鹫 *Gyps himalayensis* 鹊鹞 *Circus melanoleucos* 黑鸢 *Milvus migrans* 大鵟 *Buteo hemilasius* 普通鵟 *Buteo japonicus* 红隼 *Falco tinnunculus* 白眉山雀 *Poecile superciliosus* 中华雀鹛 *Fulvetta striaticollis* 大噪鹛 *Ianthocincla maxima* 橙翅噪鹛 *Trochalopteron elliotii* 藏鹀 *Emberiza koslowi*	胡兀鹫 *Gypaetus barbatus*
甘孜康定机场	纵纹腹小鸮 *Athene noctua* 凤头蜂鹰 *Pernis ptilorhynchus* 高山兀鹫 *Gyps himalayensis* 红隼 *Falco tinnunculus* 橙翅噪鹛 *Trochalopteron elliotii*	胡兀鹫 *Gypaetus barbatus* 金雕 *Aquila chrysaetos*
拉萨贡嘎机场	黑颈䴙䴘 *Podiceps nigricollis* 鹮嘴鹬 *Ibidorhyncha struthersii* 普通鵟 *Buteo japonicus* 红隼 *Falco tinnunculus* 大草鹛 *Pterorhinus waddelli*	黑颈鹤 *Grus nigricollis*
日喀则和平机场	高山兀鹫 *Gyps himalayensis* 红隼 *Falco tinnunculus* 大草鹛 *Pterorhinus waddelli*	黑颈鹤 *Grus nigricollis* 秃鹫 *Aegypius monachus*
昌都邦达机场	纵纹腹小鸮 *Athene noctua* 高山兀鹫 *Gyps himalayensis* 大鵟 *Buteo hemilasius* 普通鵟 *Buteo japonicus*	胡兀鹫 *Gypaetus barbatus* 金雕 *Aquila chrysaetos*
林芝米林机场	藏马鸡 *Crossoptilon harmani* 雀鹰 *Accipiter nisus* 红隼 *Falco tinnunculus* 灰背隼 *Falco columbarius* 大紫胸鹦鹉 *Psittacula derbiana* 大草鹛 *Pterorhinus waddelli*	白尾海雕 *Haliaeetus albicilla* （文献记录）
阿里昆莎机场	纵纹腹小鸮 *Athene noctua* 喜山鵟 *Buteo burmanicus* 红隼 *Falco tinnunculus*	黑颈鹤 *Grus nigricollis*
阿里普兰机场	黑鸢 *Milvus migrans*	无

青藏高原机场鸟类防范与保护

各机场鸟类名录

序号	中文名	拉丁名	稻城	格萨尔	康定	拉萨	日喀则	邦达	林芝	昆莎
1	血雉	*Ithaginis cruentus*	√							
2	高原山鹑	*Perdix hodgsoniae*	√	√		√	√		√	
3	藏马鸡	*Crossoptilon harmani*							√	
4	白马鸡	*Crossoptilon crossoptilon*	√	√						
5	斑头雁	*Anser indicus*	√			√	√			√
6	灰雁	*Anser anser*	√							
7	鹊鸭	*Bucephala clangula*				√				
8	普通秋沙鸭	*Mergus merganser*	√	√		√	√			
9	赤麻鸭	*Tadorna ferruginea*	√	√		√	√	√		√
10	赤嘴潜鸭	*Netta rufina*	√			√	√			√
11	红头潜鸭	*Aythya ferina*	√			√				
12	白眼潜鸭	*Aythya nyroca*				√	√			
13	凤头潜鸭	*Aythya fuligula*	√			√				
14	白眉鸭	*Spatula querquedula*				√				√
15	赤膀鸭	*Mareca strepera*				√				
16	赤颈鸭	*Mareca penelope*				√				
17	斑嘴鸭	*Anas zonorhyncha*					√			
18	绿头鸭	*Anas platyrhynchos*	√	√	√	√				
19	针尾鸭	*Anas acuta*				√				√
20	绿翅鸭	*Anas crecca*				√				√
21	凤头䴙䴘	*Podiceps cristatus*				√	√			
22	黑颈䴙䴘	*Podiceps nigricollis*				√				
23	岩鸽	*Columba rupestris*	√	√	√	√	√	√		√
24	山斑鸠	*Streptopelia orientalis*							√	
25	华西白腰雨燕	*Apus salimalii*	√	√		√			√	
26	小白腰雨燕	*Apus nipalensis*				√	√		√	
27	大杜鹃	*Cuculus canorus*	√	√	√	√	√			
28	中杜鹃	*Cuculus saturatus*				√				
29	白骨顶	*Fulica atra*				√				
30	黑水鸡	*Gallinula chloropus*				√				
31	黑颈鹤	*Grus nigricollis*				√	√			√
32	牛背鹭	*Bubulcus coromandus*						√		

序号	中文名	拉丁名	稻城	格萨尔	康定	拉萨	日喀则	邦达	林芝	昆莎
33	苍鹭	*Ardea cinerea*				✓				
34	中白鹭	*Ardea intermedia*				✓				
35	白鹭	*Egretta garzetta*					✓			
36	普通鸬鹚	*Phalacrocorax carbo*					✓			
37	鹮嘴鹬	*Ibidorhyncha struthersii*	✓			✓				
38	黑翅长脚鹬	*Himantopus himantopus*	✓							✓
39	环颈鸻	*Charadrius alexandrinus*				✓	✓			
40	青藏沙鸻	*Charadrius atrifrons*					✓			✓
41	矶鹬	*Actitis hypoleucos*								✓
42	白腰草鹬	*Tringa ochropus*				✓	✓			✓
43	红脚鹬	*Tringa totanus*								✓
44	林鹬	*Tringa glareola*						✓		✓
45	棕头鸥	*Chroicocephalus brunnicephalus*				✓	✓		✓	
46	红嘴鸥	*Chroicocephalus ridibundus*				✓				
47	渔鸥	*Ichthyaetus ichthyaetus*				✓	✓			✓
48	普通燕鸥	*Sterna hirundo*	✓	✓		✓	✓	✓		
49	纵纹腹小鸮	*Athene noctua*			✓			✓		✓
50	胡兀鹫	*Gypaetus barbatus*	✓	✓	✓			✓		
51	凤头蜂鹰	*Pernis ptilorhynchus*		✓						
52	高山兀鹫	*Gyps himalayensis*	✓	✓	✓		✓	✓		
53	秃鹫	*Aegypius monachus*					✓			
54	金雕	*Aquila chrysaetos*			✓			✓		
55	雀鹰	*Accipiter nisus*							✓	
56	白尾鹞	*Circus cyaneus*	✓							
57	鹊鹞	*Circus melanoleucos*		✓						
58	黑鸢	*Milvus migrans*		✓						
59	大鵟	*Buteo hemilasius*		✓				✓		
60	普通鵟	*Buteo japonicus*		✓		✓		✓		
61	喜山鵟	*Buteo refectus*	✓							✓
62	戴胜	*Upupa epops*	✓	✓		✓	✓	✓	✓	✓
63	普通翠鸟	*Alcedo atthis*							✓	
64	红隼	*Falco tinnunculus*	✓	✓	✓	✓	✓			✓

233

青藏高原机场鸟类防范与保护

234

青藏高原机场鸟类防范与保护

序号	中文名	拉丁名	稻城	格萨尔	康定	拉萨	日喀则	邦达	林芝	昆莎
65	灰背隼	*Falco columbarius*							✓	
66	大紫胸鹦鹉	*Psittacula derbiana*							✓	
67	灰喉山椒鸟	*Pericrocotus solaris*							✓	
68	长尾山椒鸟	*Pericrocotus ethologus*							✓	
69	赤红山椒鸟	*Pericrocotus specious*							✓	
70	红尾伯劳	*Lanius cristatus*					✓			
71	棕背伯劳	*Lanius schach*	✓		✓					
72	灰背伯劳	*Lanius tephronotus*	✓	✓	✓	✓	✓	✓	✓	
73	楔尾伯劳	*Lanius sphenocercus*		✓		✓				
74	松鸦	*Garrulus glandarius*							✓	
75	青藏喜鹊	*Pica bottanensis*	✓	✓	✓	✓	✓		✓	
76	星鸦	*Nucifraga caryocatactes*							✓	
77	红嘴山鸦	*Pyrrhocorax pyrrhocorax*	✓	✓	✓	✓	✓	✓	✓	✓
78	黄嘴山鸦	*Pyrrhocorax graculus*		✓						
79	达乌里寒鸦	*Corvus dauuricus*	✓	✓						
80	小嘴乌鸦	*Corvus corone*	✓	✓	✓			✓		
81	大嘴乌鸦	*Corvus macrorhynchos*	✓	✓	✓			✓	✓	
82	渡鸦	*Corvus corax*		✓				✓		
83	黑冠山雀	*Periparus rubidiventris*	✓							
84	褐冠山雀	*Lophophanes dichrous*	✓							
85	白眉山雀	*Poecile superciliosus*	✓	✓						
86	沼泽山雀	*Poecile palustris*	✓	✓						
87	川褐头山雀	*Poecile weigoldicus*	✓							
88	地山雀	*Pseudopodoces humilis*		✓				✓		✓
89	大山雀	*Parus minor*		✓		✓	✓		✓	
90	绿背山雀	*Parus monticolus*				✓				
91	小云雀	*Alauda gulgula*	✓	✓	✓	✓	✓		✓	✓
92	角百灵	*Eremophila alpestris*	✓		✓		✓	✓		✓
93	细嘴短趾百灵	*Calandrella acutirostris*								✓
94	中华短趾百灵	*Calandrella dukhunensis*								✓
95	长嘴百灵	*Melanocorypha maxima*								✓
96	短趾百灵	*Alaudala cheleensis*								✓
97	淡色崖沙燕	*Riparia diluta*		✓		✓	✓	✓		

235

青藏高原机场鸟类防范与保护

序号	中文名	拉丁名	稻城	格萨尔	康定	拉萨	日喀则	邦达	林芝	昆莎
98	家燕	*Hirundo rustica*						√		
99	岩燕	*Ptyonoprogne rupestris*				√		√		√
100	烟腹毛脚燕	*Delichon dasypus*				√				
101	金腰燕	*Cecropis daurica*		√						
102	橙斑翅柳莺	*Phylloscopus pulcher*							√	
103	黄腹柳莺	*Phylloscopus affinis*	√	√						
104	暗绿柳莺	*Phylloscopus trochiloides*							√	
105	乌嘴柳莺	*Phylloscopus magnirostris*							√	
106	黑眉柳莺	*Phylloscopus ricketti*	√							
107	棕额长尾山雀	*Aegithalos iouschistos*							√	
108	黑眉长尾山雀	*Aegithalos bonvaloti*	√							
109	花彩雀莺	*Leptopoecile sophiae*	√	√	√					
110	凤头雀莺	*Leptopoecile elegans*	√							
111	白眉雀鹛	*Fulvetta vinipectus*			√					
112	中华雀鹛	*Fulvetta striaticollis*	√	√						
113	大噪鹛	*Ianthocincla maximus*	√	√						
114	矛纹草鹛	*Pterorhinus lanceolatus*		√						
115	大草鹛	*Pterorhinus waddelli*				√	√		√	
116	黑顶噪鹛	*Trochalopteron affine*							√	
117	灰腹噪鹛	*Trochalopteron henrici*		√		√			√	
118	橙翅噪鹛	*Trochalopteron elliotii*	√	√	√					
119	红翅旋壁雀	*Tichodroma muraria*		√						
120	鹪鹩	*Troglodytes troglodytes*	√							
121	河乌	*Cinclus cinclus*	√							
122	褐河乌	*Cinclus pallasii*		√						
123	白颈鸫	*Turdus albocinctus*							√	
124	藏乌鸫	*Turdus maximus*		√		√	√			
125	灰头鸫	*Turdus rubrocanus*			√					
126	棕背黑头鸫	*Turdus kessleri*	√	√				√	√	
127	白须黑胸歌鸲	*Calliope tschebaiewi*								√
128	赭红尾鸲	*Phoenicurus ochruros*	√	√	√					√
129	黑喉红尾鸲	*Phoenicurus hodgsoni*	√	√	√				√	
130	白喉红尾鸲	*Phoenicurus schisticeps*	√	√						

236

青藏高原机场鸟类防范与保护

序号	中文名	拉丁名	稻城	格萨尔	康定	拉萨	日喀则	邦达	林芝	昆莎
131	北红尾鸲	*Phoenicurus auroreus*	✓	✓	✓	✓		✓	✓	
132	红腹红尾鸲	*Phoenicurus erythrogastrus*	✓	✓	✓	✓		✓		✓
133	蓝额红尾鸲	*Phoenicurus frontalis*	✓	✓	✓	✓	✓	✓		
134	红尾水鸲	*Phoenicurus fuliginosus*		✓					✓	
135	白顶溪鸲	*Phoenicurus leucocephalus*	✓	✓	✓				✓	
136	黑喉石䳭	*Saxicola maurus*		✓	✓					
137	灰林䳭	*Saxicola ferreus*			✓					
138	漠䳭	*Oenanthe deserti*					✓			✓
139	鸲岩鹨	*Prunella rubeculoides*	✓	✓	✓	✓		✓		
140	棕胸岩鹨	*Prunella strophiata*	✓	✓	✓	✓	✓			
141	褐岩鹨	*Prunella fulvescens*	✓		✓	✓	✓			
142	家麻雀	*Passer domesticus*		✓						✓
143	山麻雀	*Passer cinnamomeus*				✓			✓	
144	麻雀	*Passer montanus*		✓	✓	✓	✓	✓		✓
145	褐翅雪雀	*Montifringilla adamsi*	✓	✓	✓					
146	白腰雪雀	*Onychostruthus taczanowskii*						✓		
147	棕颈雪雀	*Pyrgilauda ruficollis*						✓		
148	山鹡鸰	*Dendronanthus indicus*				✓				
149	树鹨	*Anthus hodgsoni*		✓						
150	粉红胸鹨	*Anthus roseatus*			✓					✓
151	黄头鹡鸰	*Motacilla citreola*	✓				✓	✓		✓
152	黄鹡鸰	*Motacilla tschutschensis*	✓							
153	白鹡鸰	*Motacilla alba*	✓	✓	✓	✓	✓	✓	✓	✓
154	白斑翅拟蜡嘴雀	*Mycerobas carnipes*		✓						
155	普通朱雀	*Carpodacus erythrinus*	✓	✓	✓				✓	
156	曙红朱雀	*Carpodacus waltoni*	✓	✓	✓	✓	✓		✓	
157	红眉朱雀	*Carpodacus pulcherrimus*							✓	
158	拟大朱雀	*Carpodacus rubicilloides*	✓	✓		✓				
159	大朱雀	*Carpodacus rubicilla*		✓	✓					✓
160	白眉朱雀	*Carpodacus dubius*	✓	✓	✓					
161	灰头灰雀	*Pyrrhula erythaca*		✓						

序号	中文名	拉丁名	稻城	格萨尔	康定	拉萨	日喀则	邦达	林芝	昆莎
162	林岭雀	*Leucosticte nemoricola*			√					
163	高山岭雀	*Leucosticte brandti*			√					√
164	黑头金翅雀	*Chloris ambigua*			√				√	
165	黄嘴朱顶雀	*Linaria flavirostris*	√	√			√		√	√
166	红额金翅雀	*Carduelis carduelis*								
167	藏鹀	*Emberiza koslowi*		√						
168	西南灰眉岩鹀	*Emberiza yunnanensis*	√	√	√	√			√	

注：1. 名录上的稻城、格萨尔、康定、拉萨、日喀则、邦达、林芝、昆莎为各机场简写，√表示在该机场有记录。

2. 调查期间阿里普兰机场还未建设完毕，建设期鸟类调查数据受施工干扰大，鸟类群落数据不稳定，故未将其列入表中。

参考文献

马克·布拉齐尔. 朱磊, 译. 东亚鸟类野外手册 [M]. 北京：北京大学出版社, 2020.

崔超, 程明, 张成龙. 淮安涟水国际机场飞行区鸟类多样性调查与鸟击防范对策 [J]. 甘肃科技, 2023, 39 (11)：101-105.

葛晨. 人类干扰下的野生鸟类警戒行为研究 [D]. 南京：南京大学, 2012.

和苗苗. 潍坊机场鸟类群落与鸟击风险研究 [D]. 济南：山东师范大学, 2023.

廖峻涛, 吕鸿, 张峰, 等. 昆明长水国际机场飞行区鸟类飞行高度及鸟撞风险评估 [J]. 云南大学学报（自然科学版）, 2018, 40 (1)：192-200.

梁淑敏, 王维, 高利平, 等. 鸟类飞行高度与民航机场鸟击防范的关系 [J]. 安全与环境学报, 2016, 16 (1)：104-109.

李俊红, 何文珊, 陆健健. 浦东国际机场鸟情信息系统的设计和建立 [J]. 华东师范大学学报（自然科学版）, 2001(3)：61-67.

刘冬平. 青海湖斑头雁（*Anser indicus*）的繁殖期活动性、迁徙路线及其与禽流感暴发的时空关系 [D]. 北京：中国林业科学研究院, 2010.

刘阳, 陈水华. 中国鸟类观察手册 [M]. 长沙：湖南科学技术出版社, 2021.

约翰·马敬能. 李一凡, 译. 中国鸟类野外手册 [M]. 北京：商务印书馆, 2022.

谭宋文, 陈林丽, 蒋磊, 等. 宜宾五粮液机场危险性鸟类时空变化及防控研究 [J]. 四川动物, 2023, 42 (4)：471-480.

吴琦, 唐思贤, 乐观. 机场鸟击事故灾害的生态防治 [J]. 中国安全生产科学技术, 2006(1)：40-44.

吴雪, 杜杰, 李晓娟, 等. 重庆江北机场鸟类群落结构及鸟击防范 [J]. 生态学杂志, 2015, 34 (7)：2015-2024.

夏珊珊. 重庆江北国际机场鸟类群落和鸟击灾害的生态防治 [D]. 南充：西华师范大学, 2020.

中国民用航空局机场司, 中国民航科学技术研究院, 机场研究所. 2015 年度中国民航鸟击航空器信息分析报告 [R]. 北京：中国民航科学技术研究院, 2016.

张晓爱, 刘泽华, 赵亮, 等. 青藏高原常见雀形目鸟类的筑巢特征 [J]. 动物学研究, 2006(2)：113-120.

张志强, 杨道德, 胡毛旺, 等. 长沙黄花国际机场鸟类群落物种多样性分析 [J]. 动物学杂志, 2007(1)：112-120.

郑光美. 中国鸟类分类与分布名录 [M]. 4 版. 北京：科学出版社, 2023.

郑作新. 中国鸟类志 [M]. 长春：吉林科学技术出版社, 2001.

周雨桐, 徐嘉晖, 胡东方, 等. 南京禄口国际机场鸟类群落功能和谱系多样性及鸟击防范研究 [J]. 南京师大学报（自然科学版）, 2023, 46 (3)：69-78.

Allan J. A heuristic risk assessment technique for birdstrike management at airports[J]. Risk analysis, 2006, 26(3): 723-729.

Alquezar R D, Arregui L, Macedo R H, et al. Birds living near airports do not show consistently higher levels of feather corticosterone[J]. Conservation Physiology, 2023, 11(1): coad079 .

Baiping Z, Xiaodong C, Baolin L, et al. Biodiversity and conservation in the Tibetan Plateau[J]. Journal of Geographical Sciences, 2002, 12: 135-143.

Belant J L. Bird harassment, repellent, and deterrent techniques for use on and near airports[M]. Washington, D.C: Transportation Research Board, 2011.

Blackwell B F, Seamans T W, Fernández-Juricic E, et al. Avian responses to aircraft in an airport environment[J]. The Journal of Wildlife Management, 2019, 83(4): 893-901.

Brandt J S, Wood E M, Pidgeon A M, et al. Sacred forests are keystone structures for forest bird conservation in southwest China's Himalayan Mountains[J]. Biological Conservation, 2013, 166: 34-42.

Burger J. Factors affecting bird strikes on aircraft at a coastal airport[J]. Biological conservation, 1985, 33(1): 1-28.

El-Sayed A F. Bird strike in aviation: statistics, analysis and management[M]. New Jersey: John Wiley & Sons, 2019.

Gabbita K V, Sridhar M I C, Pillai S C. Potential risk of bird-strikes to aircraft: context and summary of an investigation from Bangalore, India[J]. Environmental Conservation, 1984, 11(2): 173-174.

Gil D, Honarmand M, Pascual J, et al. Birds living near airports advance their dawn chorus and reduce overlap with aircraft noise[J]. Behavioral Ecology, 2015, 26(2): 435-443.

Heimbs S. Computational methods for bird strike simulations: a review[J]. Computers & Structures, 2011, 89(23-24): 2093-2112.

Hu Y, Xing P, Yang F, et al. A birdstrike risk assessment model and its application at Ordos Airport, China[J]. Scientific reports, 2020, 10(1): 19627.

Li B, Liang C, Song P, et al. Threatened birds face new distribution under future climate change on the Qinghai-Tibet Plateau (QTP)[J]. Ecological Indicators, 2023, 150: 110217.

Long S, Mu X, Liu Y, et al. Failure modeling of composite wing leading edge under bird strike[J]. Composite Structures, 2021, 255: 113005.

Metz I C, Ellerbroek J, Mühlhausen T, et al. Analysis of risk-based operational bird strike prevention[J]. Aerospace, 2021, 8(2): 32.

Metz I C, Ellerbroek J, Mühlhausen T, et al. The bird strike challenge[J].

Aerospace, 2020, 7(3): 26.

Ning H, Chen W. Bird strike risk evaluation at airports[J]. Aircraft Engineering and Aerospace Technology: An International Journal, 2014, 86(2): 129-137.

Nilsson C, La Sorte F A, Dokter A, et al. Bird strikes at commercial airports explained by citizen science and weather radar data[J]. Journal of Applied Ecology, 2021, 58(10): 2029-2039.

Pfeiffer M B, Kougher J D, DeVault T L. Civil airports from a landscape perspective: A multi—scale approach with implications for reducing bird strikes[J]. Landscape and Urban Planning, 2018, 179: 38-45.

Robinson L, Mearns K, McKay T. Oliver Tambo International Airport, South Africa: land-use conflicts between airports and wildlife habitats[J]. Frontiers in Ecology and Evolution, 2021, 9: 715771.

Shao Q, Zhou Y, Zhu P. Spatiotemporal analysis of environmental factors on the bird strike risk in high plateau airport with multi-scale research[J]. Sustainability, 2020, 12(22): 9357.

Shao Q, Zhou Y, Zhu P, et al. Key factors assessment on bird strike density distribution in airport habitats: Spatial heterogeneity and geographically weighted regression model[J]. Sustainability, 2020, 12(18): 7235.

Zhang Y, Zhao R, Liu Y, et al. Sustainable wildlife protection on the Qingzang Plateau[J]. Geography and Sustainability, 2021, 2(1): 40-47.

致谢

感谢第二次青藏高原综合科学考察项目对本研究的资助（专题编号：2019QZKK0501）。

感谢稻城亚丁机场、甘孜格萨尔机场、甘孜康定机场、拉萨贡嘎机场、日喀则和平机场、昌都邦达机场、林芝米林机场、阿里昆莎机场、阿里普兰机场以及塔什库尔干红其拉甫机场的各位同志对我们工作的帮助和支持！

感谢甘孜州林科所的周华明所长、中山大学刘阳教授、成都观鸟会杨小农提供和帮助收集部分物种照片！感谢广西海洋科学院朱磊博士对书稿提出宝贵意见！

感谢丁鹏、ivan、李昊、没有名字、王辉、汪乐、王似奇、王宇、熊昊洋、熊天怡、张铭（以拼音顺序排列）在照片方面提供的帮助和支持！未署名的图片均为本调查团队拍摄。

感谢各位编委和课题组成员在本书成稿过程中付出的辛勤劳动。图书编写分工如下：吴永杰负责统筹、组织图书编写；吴永杰、张家语、何兴成整理归纳第六章；汪沐阳整理归纳除第六章外其他内容；郭嘉乐、郭家伟撰写第一至三章；成宇文、王燕、郑小风、刘正惟撰写第四章；曹一唯、单竑晟撰写第五章；冯凯泽、胡正锐撰写第六章（非雀形目）；张尚明玉、王梦祝、王一波、周品希撰写第六章（雀形目）；彭可欣、杨智雄撰写第七章；Ian Haase、王世睿、何睿校对图片和物种英文名称；吴永杰、冉江洪审查和校对。

出版赞助单位

湖南环球信士科技有限公司

成都金大道餐饮管理有限公司

成都德鲁伊科技有限公司

仙境探索研学旅行成都有限公司